场景的
数字绘画探索

姜连萌 著

CHANGJING DE

SHUZI

HUIHUA

TANSUO

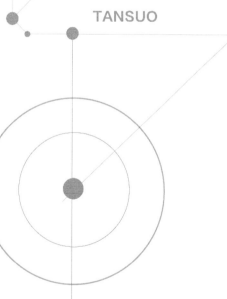

U0350530

 化学工业出版社
·北京·

数字绘画就是通过计算机及其软件，不需要任何其他工具进行的绘画创作，它灵活便捷，丰富了绘画的应用领域。

《场景的数字绘画探索》通过大量的案例，从如何分析构图以及规划视觉引导线和视觉中心开始，到研究单个物体的塑造以及画面色彩色调的把控等，介绍了使用Photoshop软件进行数字场景绘画的完整学习过程。通过对这些内容的练习和研究，能够基本掌握数字场景绘画的技巧和方法，使自身对画面的把控以及表现能力得到较大的提升，直到最终能够独立创作出完整的数字场景绘画作品，并极大地提高作品的完整性，加强作品的冲击力。

本书适合具有一定美术及软件操作基础的场景绘画从业者、爱好者学习，也可作为数字绘画教材，供各高校的美术、艺术设计及相关专业师生使用。

图书在版编目（CIP）数据

场景的数字绘画探索 / 姜连萌著. —北京：化学
工业出版社，2019.3
ISBN 978-7-122-33414-5

Ⅰ．①场…　Ⅱ．①姜…　Ⅲ．①图象处理软件　Ⅳ.
①TP391.413

中国版本图书馆 CIP 数据核字（2018）第 283189 号

责任编辑：耍利娜　　　　　　　　　　装帧设计：刘丽华
责任校对：王素芹

出版发行：化学工业出版社（北京市东城区青年湖南街13号　邮政编码100011）
印　　装：北京缤索印刷有限公司
787mm×1092mm　1/16　印张14　字数243千字　2019年2月北京第1版第1次印刷

购书咨询：010-64518888　　售后服务：010-64518899
网　　址：http://www.cip.com.cn
凡购买本书，如有缺损质量问题，本社销售中心负责调换。

定　　价：78.00元

前言

    数字场景绘画是数字绘画的重要组成部分，场景设计对于整个作品主题的表达具有强烈的烘托作用，在很大程度上奠定了作品的基调。数字场景绘画被广泛地应用于各种领域当中，如游戏、影视、CG 插图、概念设计、动画场景制作、海报设计等，也是许多随着新兴行业的发展而逐渐衍生出来的专业技术的基础，在影视后期制作中越来越常见的数字绘景技术，在游戏制作建模前的数字场景原画设计中，都有数字场景绘画的技术作为支撑。数字绘画比起传统的绘画艺术无疑是更为高效便捷的制作手段，软件的应用可以模拟几乎任何传统工艺的艺术效果，并在此基础之上创造新的艺术风格。

    在数字化的时代，数字创作本身就意味着比其他需要媒介才能进行创作的工艺有决定性的优势，因此在本书中结合教学实际，收录了一系列数字场景绘画探索过程中的教学案例，供读者参考。

    本书共分为5章，系统地讲解了数字场景绘画的完整学习过程，从如何分析构图以及规划视觉引导线和视觉中心开始，到研究单个物体的塑造以及画面色彩色调的把控都有涉及。通过对这些内容的练习和研究，读者能够基本掌握数字场景绘画的技巧和方法，使自身对画面的把控以及表现能力得到较大的提升，直到最终能够独立创作出完整的数字场景绘画作品，并极大地提高作品的完整性，加强作品的冲击力。

    希望本书能够在读者探索数字场景绘画的过程中助一臂之力，使读者早日达成梦想。

姜连萌

北京印刷学院

项目名称：插画在北京市出版传媒产业应用创新团队

项目编号：04190118002/097　　　　项目名称：绘画

项目编号：22150118009/004　　　　装帧设计：迟真

目录

第 ③ 章　**造型塑造与笔刷**　**073**

第 **1** 章
视觉中心与视觉引导

　　视觉引导在绘画中是指：有目的地在画面中安排一些元素，使观者的视线集中在视觉中心，也就是主体物上。视觉中心为画面中最精彩的部分。

　　引导物不限于隐藏在画面中的线，大小对比、虚实对比、色彩对比也能起到聚焦的效果。在大场景的创作中视觉引导显得尤为重要。

　　不同于人物创作，场景绘画中的元素十分丰富，很容易迷失在元素的堆砌中；而视觉引导能让人在思考中进行创作，使画面有序，经得起推敲，减少不必要的细节塑造，以免分散视觉中心在画面中所占比例。暗含的引导线使画面具有流动性，在静止状态中带给人运动的视觉感受。视觉引导是学习场景绘画中非常重要的环节。

1.1 视觉引导案例一

    图1.1-1中主体物位于画面的黄金分割点，在画面中，山脉的走向以及山脚的边缘线都作为视觉引导线，向主体物方向延展，天空中云的层次间也暗含隐藏的线，指向主体物。

    河流属于自带引导含义的物象，会让人的视线主动地跟着河道流向到达主体物所在的地方。

    主体物与背景间存在明暗对比与冷暖对比，在后方明亮的暖光源下将主体物压暗，凸显视觉中心的存在。如图1.1-1所示。

图1.1-1

1.2　视觉引导案例二

　　图1.2-1中主体物位于雄伟群山之间的一处空地上，作为一个小且扎实的元素，它本身就具有一定的存在感。

　　画面中的山体作为主要的视觉引导，所呈现出的线条全部都是倾斜的，在广阔的视图上，倾斜的线条，尤其是几乎贯穿画面的线条会显得更为有力。

　　从明度来讲，山体在画面当中所占的比例比较大，因此刻意地增加了亮度，色彩上选用轻柔明快的颜色，主体物则选用厚重的颜色，成为画面焦点。如图1.2-1所示。

图1.2-1

1.3　视觉引导案例三

　　前景的山峰和后景山脉的阴影脉络，同地平线一起构成了许多直指中间主体物的锥形，是中心放射形的构图。如图1.3-1所示。

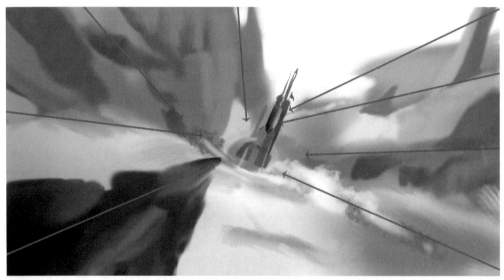

图1.3-1

1.4　视觉引导案例四

　　这是一张标准的三角形构图，主次不同的三个主要视觉点构成了一个大致的三角。如图1.4-1所示。

图1.4-1

1.5　视觉引导案例五

　　采用三分构图，视觉中心是中景建筑。前景石块、远景山脉的走势都形成指向视觉中心的引导线。如图1.5-1所示。

图1.5-1

1.6　视觉引导案例六

　　采用三分构图，视觉中心为建筑。通向建筑的水上桥梁、前景和中景之间的石块走势，以及远景的山峰造型指向视觉中心，成为引导线。如图1.6-1所示。

图1.6-1

1.7　视觉引导案例七

　　采用三分构图，视觉中心是远处的最高耸的一座山脉。近景的石块走势和主体物周围的山脉走势，形成指向视觉中心的引导线。如图1.7-1所示。

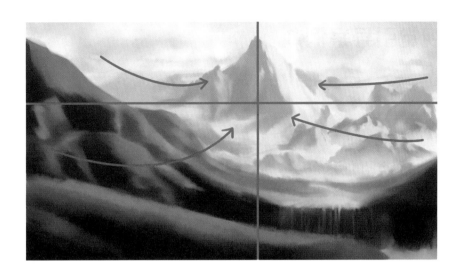

图1.7-1

1.8 视觉引导案例八

    这张图的视觉中心是城堡,主要用河流和山脉以及云彩来引导,让视觉集中在城堡上。河流是最明显的引导线,引导视线由近及远;云彩是直指主体物的引导线,云彩的边际消失于城堡上方;山脉斜向下聚集在城堡处。如图1.8-1所示。

图1.8-1

1.9 视觉引导案例九

　　三分法有时也称作井字构图法，是在摄影、绘画、设计等艺术中经常使用的一种构图手段。三分法构图是指把画面横分三份，每一份中心都可放置主体形态。这种构图适用于多形态平行焦点的主体，可表现大空间、小对象，也可反向选择。这种画面构图表现鲜明，构图简练，可用于多种不同景别。

　　图1.9-1采用三分法构图，把画面横分成三份，荷花和建筑等主体部分占了三分之二，留三分之一为天空部分；又把画面竖分成三份，主体物在左面黄金分割线上。三分法对横幅和竖幅都适用。按照三分法安排主体物和陪衬，画面就会显得紧凑有力。如图1.9-1所示。

图1.9-1

1.10　视觉引导案例十

　　这张图的视觉中心是山里的城堡，主要运用河流、小山石以及云彩来引导，让视觉集中在城堡上。河流本身具有的引导意义，使观者的目光顺着河流的方向直接被引导到城堡处。如图1.10-1所示。

图1.10-1

1.11　视觉引导案例十一

　　这张图的视觉中心是远处，主要用环形山线来引导。通过两边环形山线和宇宙飞船的飞行路径的引导，视觉顺着环形山线的弧度运动，可以有目的地向远处望，以达到视觉引导的效果。如图1.11-1所示。

图1.11-1

1.12 视觉引导案例十二

这张图的视觉中心是远方，主要用河水、桥、山脉以及云彩来引导。桥梁是最明显的引导线；云彩由近处向远处延伸；桥梁的线条与山脉的线条也作为隐藏的引导线。如图1.12-1所示。

图1.12-1

1.13　视觉引导案例十三

　　这张图的视觉中心是画面最中间的蘑菇形建筑，这张画是对角线构图，对角线上的物体的引导线都在往中心聚集，远景物体的形状从画面边上往视觉中心聚集。这张图的视觉中心非常明确。如图1.13-1所示。

图1.13-1

1.14　视觉引导案例十四

　　01 这张图采用九宫格构图法，前景占三分之二，天空占三分之一。九宫格构图也被称为三分法构图，它是从黄金分割原理简化而来。黄金分割是一种古老的数学方法，指一条线段的某一部分与另一部分之比，如果正好等于另一部分同整个线段的比，即0.618，那么这样的比例会给人一种美感。后来，这一定律被誉为"黄金分割律"。如图

1.14-1所示。

02 一张没有经过精心构图的画面往往会缺少焦点，令观者不知道该看哪里。为了避免这种情况，可以在画面中安排引导线，引导观者的目光到主体身上或画面深处。利用广角镜头近大远小的夸张效果，使有形或无形的线条集中消失于一个点，如图1.14-2所示。

图1.14-1

图1.14-2

1.15　视觉引导案例十五

　　由引导线和明暗对比凸显画面中心点，植物包围住建筑物，树叶和植物具有明显指向性，道路的引导也指向建筑物。建筑物自身的明暗对比，画面中保持建筑物最亮，这些都显示画面的视觉中心在建筑物上。如图1.15-1所示。

图1.15-1

1.16 视觉引导案例十六

　　画面是横向式构图，占据画面左边的城堡对比最强，刻画最细致，很明显是主体物。其次左下角的草地的倾斜走向也指向城堡，画面上边弧形的云层也指向城堡，横向上山的走势、朝向也指向城堡。如图1.16-1所示。

图1.16-1

第**2**章

构图与构图转换

　　构图的重要性在于组织画面中的重要元素和谐地排布，使画面有主有次，整体呈现出预期的效果。这是场景绘画中的难点。

　　找优秀的场景绘画构图进行参考，可以快速提升自己的构图能力。在学习别人构图的方式的过程中，要分析其构图的特点、优势以及适用性，而不是单纯地模仿，利用其构图的框架进行转换，成为自己的内容；通过多种构图转换的练习，学会构图语言，丰富自己的构图种类。

　　三分法构图、十字形构图、螺旋形构图、圆形构图等，都能在画面情绪的表达上起到各不相同的作用。

2.1 构图转换案例一

01 首先分析例图，如图2.1-1所示，为辐射状构图。图中倾斜的视角带来了视觉冲击感，主体物为左上角的灯塔和房子，主体物位于画面三分处，所以也是三分构图。

图2.1-1

图中利用岩石的走向肌理以及天空中隐藏的云的走向来指向主体物，视觉引导线呈辐射状，以主体物为中心向四周发散。

根据参考图进行构图转换，将主体物按画面氛围进行更改并变换到右侧，保留辐射状引导物，将主体物周围提亮，将主体物压暗来强调视觉中心点。如图2.1-2所示。

图2.1-2

02 用圆形透明笔刷，将硬度调为 0，新建正片叠底图层，轻扫在画面边缘，可以有效地营造电影画面感，近景的压暗也能够强调画面的空间感。如图2.1-3所示。

03 用半透明的画笔大致画出岩石的形状与走向，由于是偏魔幻的主体物，所以新建图层在画面的远处添加一些魔幻山体，调整不透明度，可以拉远空间并为画面增加气氛。如图2.1-4所示。

图2.1-3

图2.1-4

04 用不透明度较高、边缘较硬的笔刷深入刻画，画出岩石的走向，将焦点引导至主体物上。

使用裁剪工具向外拖拽，将画面的幅面拉宽，宽幅更能营造宏大的氛围。在不是以建筑物等为主的对透视要求较高的画面中，可以使用自由变换直接拉宽，再利用套索液化等进行微调。如图2.1-5所示。

图2.1-5

05 使用特殊的山石肌理笔刷对岩石进行调整，如图2.1-6所示，用色相/饱和度工具进行简单上色。完成图如图2.1-7所示。

图2.1-6

图2.1-7

2.2 构图转换案例二

01 首先分析例图，其构图为三分法构图，主体物位于画面三分处，图中利用光线营造出静谧的气氛，将视觉中心引向主体。如图2.2-1所示。

02 根据参考图进行构图转换，将主体物按画面氛围进行再创作，先画出背景部分，确定近、中、远景的黑白灰主次关系。如图2.2-2所示。

03 勾勒出主体物的形状，这里选择森林里的小屋作为建筑主体，配合画面想表达的神秘气氛，在远景的天空中加入一轮圆月作为衬托。如图2.2-3所示。

04 用方头的画笔大致画出岩石的形状与走向，由于是偏魔幻的主体物，所以新建图层在画面的远处添加一些魔幻山体，调整不透明度，可以拉远空间并为画面增加气氛。如图2.2-4所示。

图2.2-1

图2.2-2

图2.2-3

图2.2-4

05 围绕视觉中心进行刻画，在局部使用线性减淡等图层属性进行提亮，用强光图层进行压暗，以此来凸显视觉中心的存在。如图2.2-5所示。

06 最后进行细节调整，在屋檐、树干、人物边缘等部位添加高光，高光在物体的轮廓外沿处勾勒，可起到画龙点睛的作用。完成图如图2.2-6所示。

图2.2-5

图2.2-6

2.3　构图转换案例三

01 首先分析例图。例图中采用的是框架构图，在黄金分割的位置放置主要的建筑物，图中利用岩石的走向肌理以及桥梁和光束的走向来指向主体，视觉引导线呈辐射状向中心引导。如图2.3-1所示。

02 根据参考图进行构图转换，学习其特殊框架，将主体物放在画面的黄金分割点上，学习图中指向主体的引导线，先大致画出前后的空间感。如图2.3-2所示。

图2.3-1

图2.3-2

03 采用方头笔刷，在画面视觉中心位置增加光束，光线能够对画面氛围渲染起到十分重要的作用，也可对视觉中心做进一步的交代。如图2.3-3所示。

图2.3-3

04 图层选用柔光模式，用选区工具框选住远处空间，用喷枪工具画出朦胧的感觉，拉远空间层次，前面的物体用方头笔刷交代一下。如图2.3-4所示。

图2.3-4

05 选用强光图层（明度50%以下可以压暗，50%以上可以提亮），进一步调整空间层次，强化视觉感受。如图2.3-5所示。

06 最后使用曲线工具进行调整，调节画面明度、对比度。完成图如图2.3-6所示。

图2.3-5

图2.3-6

2.4 构图转换案例四

01 首先分析例图。该图为三分构图，主体物位于画面三分处，图中利用山体的走向肌理以及人的走向来指向主体，视觉引导线呈辐射状，以主体物为中心向四周发散。如图2.4-1所示。

02 根据参考图进行构图转换，将主体物按画面氛围进行更改并变换到右侧，保留辐射状引导线，前面的部分压暗，中间部分加强对比，后面部分减弱对比。如图2.4-2所示。

图2.4-1

图2.4-2

03 选用正常图层，采用方头笔刷对视觉中心进行交代。如图2.4-3所示。

图2.4-3

04 进一步调整视觉中心的建筑物，尽量加强视觉中心对比并逐渐提亮视觉中心。如图2.4-4所示。

图2.4-4

05 选用强光图层，用19号笔刷进行画面绘制和调整，首先压暗暗面突出视觉中心，用笔刷交代出物体的具体形状，在适当的时候可以结合选区和渐变工具进行刻画。注意要保留视觉引导线。如图2.4-5所示。

图2.4-5

06 最后进行曲线调整，调节画面明度、对比度。完成图如图2.4-6所示。

图2.4-6

2.5　构图转换案例五

01 图2.5-1这张图是三分构图。画三分构图时，想象着把画面划分成三等分，线条交叉处就是安排趣味中心和其他次要景物的地方。

当然这条规则是可以灵活运用的，趣味中心不一定要正好在交叉点上，也可以在附近安排。

画面右端那些交叉点通常被认为是最强烈的。

左边三分之一处有时也用来安排趣味中心，这要根据画面怎样平衡而定，三分法对横画幅和竖画幅都适用，按照三分法安排主体和陪体，画面就会显得紧凑。如图2.5-2所示。

图2.5-1

图2.5-2

02 刻画中景，细化山坡和云朵，丰富画面细节，如山脚下的树林、云的轻柔质感等。如图2.5-3所示。

03 刻画前景，画出前景的轮廓和草地。如图2.5-4所示。

04 添加细节，画出城堡。如图2.5-5所示。

图2.5-3

图2.5-4

图2.5-5

05 添加细节，画出视觉中心的热气球。如图2.5-6所示。

06 调整细节，统一整体。完成图如图2.5-7所示。

图2.5-6

图2.5-7

2.6 构图转换案例六

01 这张图采用三角形构图法，在画面中所表达的主体放在三角形中或影像本身形成三角形的态势，此构图只有在全景时使用效果最好。如图2.6-1所示。

图2.6-1

02 三角形构图通常产生稳定感，但倒置则变为不稳定，突出紧张感。三角形构图易产生对称式画面结构，如果三角形两侧边向左或向右靠近或偏斜，会使画面由静止转向动态。三角形构图中，又有高三角形、低三角形与组合三角形等多种不同的构图手法。高三角形构图，由于三角形的腰比较高，所以不如低三角形构图稳定，有时需要给予一定的支撑才能稳定住。高三角形构图能给人一种向上、向前的动感，具有一定的象征性。如图2.6-2所示。

03 刻画中景，细化山体的岩石脉络和肌理，远处虚化。如图2.6-3所示。

04 刻画远景，画出空中的云彩，山峰也画出云雾缭绕的感觉。如图2.6-4所示。

图2.6-2

图2.6-3

图2.6-4

05 添加细节，增加画面内容，如飞鸟，可适当使用特制笔刷，成型的云彩需注重体积的塑造，着重利用明暗面的体块来体现。如图2.6-5、图2.6-6所示。

图2.6-5

图2.6-6

06 继续添加细节，统一调整画面整体氛围，使用柔软笔刷提亮画面的视觉中心。完成图如图2.6-7所示。

图2.6-7

2.7　构图转换案例七

01 根据参考图（图2.7-1）的三分构图进行转变，分出近、中、远三者的关系。近处颜色较深，中景较实，远景虚化。远景符合引导线的方向，引向视觉中心的中景。如图2.7-2所示。

图2.7-1

图2.7-2

02 逐步细化中景，确定作为主体物的建筑风格，如中式建筑、西式建筑或奇幻风格建筑，主体物应与周围环境相呼应，明确中景的黑白关系。如图2.7-3所示。

03 开始跟上近景、远景、天空的刻画。如图2.7-4所示。

04 中景前的河流也颇为重要，可在其中加上从水面浮现出的岩石等。如图2.7-5所示。

05 在远处添加一些概括性的景物将远景分出前后关系，越靠后越虚化，颜色对比削弱，可以丰富画面的层次。如图2.7-6所示。

图2.7-3

图2.7-4

图2.7-5

图2.7-6

06 构图转换不用过于细致，但要将画面的主体即视觉中心细化一些，以使整个画面处在一个气氛之中。可以用喷枪给画面主体周围营造气氛，也可以虚化远景，拉开空间。完成图如图2.7-7所示。

图2.7-7

2.8 构图转换案例八

01 根据参考图（图2.8-1）的构图方式将前景山坡粗略画出，并大致画出视觉中心山脉的形状以及近景的地貌。如图2.8-2所示。

图2.8-1

图2.8-2

02 用明暗表现出近处山坡和远处的山脉远近关系和基本形态，近处颜色较深。因为要拉开画面中的空间，可以将中景的山脉与近处的山坡大小对比关系拉大。如图2.8-3所示。

03 开始刻画远景。由于视觉中心是画面的重点，所以它的明暗关系应当比前景更为鲜明，也可以刻意削弱前景的明暗对比。根据参考图（图2.8-4）刻画山脉，细化视觉中心也是很重要的一步。如图2.8-5所示。

04 在视觉中心的明暗关系基本表达完毕之后，开始逐步细化前景，明确山坡的走向，在大概的体块基础上进一步塑造。如图2.8-6所示。

图2.8-3

图2.8-4

图2.8-5

图2.8-6

05 继续刻画山峰，如图2.8-7所示，用较细的笔刷给前景添加瀑布，稍加笔墨，
增加细节。如图2.8-8所示。

图2.8-7

图2.8-8

06 回到视觉中心继续细化，刻画山脉的外形，并且用喷枪制造山雾的效果。远景的天空也不能忽视，云的大小变化和虚实关系也可以进一步提升空间感。完成图如图2.8-9所示。

图2.8-9

2.9　构图转换案例九

01　首先根据参考图（图2.9-1）确定大致构图。采用三分构图，近景在整个画面的四个角落，中景在画面的右侧。色调采用红紫色调。如图2.9-2所示。

02　将近景的造型确定下来，并将远景按照引导线的走势引导向视觉中心。如图2.9-3所示。

图2.9-1

图2.9-2

图2.9-3

03 刻画近景和远景之间起到拉开画面关系作用的景物，如岩石、河流等，并通过刻画来确立整个画面的色调。如图2.9-4所示。

图2.9-4

04 开始确定中景的明暗关系。如图2.9-5所示。

图2.9-5

05 逐步刻画中景，并在中景之后加一些较为虚化的景物作为远景。如图2.9-6所示。

图2.9-6

06 继续细化，在河流的部分添加环境色，以色彩的明度和饱和度作为对比来虚化远处的河流，并统一虚化远景和天空，拉开空间感。完成图如图2.9-7所示。

图2.9-7

2.10 构图转换案例十

01 参考图如图2.10-1所示，采用的是对角线构图，对角线构图是摄影中的术语，是一种构图方法，与黄金构图、水平构图、垂直构图相对应。

物体在画幅中两对角的连线，近似于对角线，而且画面构图是倾斜的，这样的构图使得画面更有特殊性和趣味性。

在对角线上添加的物体从两边分别能做视觉引导，对角线构图很容易把视觉中心引导到中间。

对角线型构图的特点：把主体物安排在对角线上，有立体感、延伸感和运动感，避开了左右构图的呆板感觉，形成视觉上的均衡和空间上的纵深感。如图2.10-2所示。

图2.10-1

图2.10-2

02 刻画中景，细化蘑菇形建筑，如图2.10-3所示，在创作奇幻题材的作品时，建筑形态不拘泥于标准的房屋建筑，任何物品都可以作为建筑主体物出现。如图2.10-4所示。

图2.10-3

图2.10-4

03 添加后景，画出星球。如图2.10-5所示。

04 添加细节，画出视觉中心的飞船和人物，调整细节。如图2.10-6所示。

05 刻画前景，画出前景的蘑菇轮廓和草地，在塑造地貌时可以使用地面素材降低透明度，选择合适的图层效果覆盖在本图层上。完成图如图2.10-7所示。

图2.10-5

图2.10-6

图2.10-7

2.11　构图转换案例十一

01　首先分析例图，如图2.11-1所示，构图为三分构图，例图为平视视角，横向的平视构图能够给人带来稳定平和的视觉感受。主体物位于画面三分处，画面简洁明了富有力度。

根据参考图进行构图转换，为符合这种稳定的视觉感受，在进行转换的时候可以选择沙漠作为转换的场景，沙漠也是一种既能给人带来平静感受又能使人体会到其中蕴含力度的环境，依照参考的构图确定画面主体物的位置。如图2.11-2所示。

02　在沙漠的环境下将主体物换为山石，描绘出沙漠的大致场景，近景压暗，对画面进行进一步塑造，简单地画出远方的山和湖。如图2.11-3所示。

图2.11-1

图2.11-2

03 用不透明度比较高的笔刷来进一步刻画，前期使用不透明的笔刷能够大大提升作画效率，也方便在作画时进行更改，画出沙漠沙丘与山石的明暗，明确光源方向。如图2.11-4所示。

04 画出地面上河流的走向，将视觉引导至视觉焦点，加深主体物周围部分，拉远空间上的距离，并突出主体物。如图2.11-5所示。

图2.11-3

图2.11-4

图2.11-5

05 用边缘较硬的笔刷进一步刻画，将山石塑造为比较雄伟的造型并进行加深，对沙漠的地形进行较为细致的描绘。如图2.11-6所示。

06 新建颜色图层进行上色，被光集中照射的地方颜色会比较鲜艳明亮，最远处的颜色则是偏灰的。完成图如图2.11-7所示。

图2.11-6

图2.11-7

2.12 构图转换案例十二

01 首先分析例图，如图2.12-1所示，构图为垂直式构图，图中树木占据四分之三画面，确定主体物为房子，用光源、树干、树叶、石头来指向主体物，即确定视觉引导线，再用光源指向主体物，明确用画面黑白灰确定中心点最亮。仿照例图构图，在保持引导线、光源的基础上转换主体物和背景，绘制线稿。如图2.12-2所示。

02 在线稿的基础上完成画面的黑白灰，笔刷用 PS 自带的基础笔刷就好，如图2.12-3所示，简单地明确画面黑白灰关系：背景灰，主体亮，树木最黑，一开始就拉开画面距离。如图2.12-4所示。

图2.12-1

图2.12-2

图2.12-3

图2.12-4

03 刻画背景，让背景树木更灰，让背景画面灰下去拉开画面距离。刻画树干上花的形态，拉开前边树和后面灰背景距离。简单刻画主体房子的光源和形态，在房子上、石头上、树干上画出光源走向，明确画面光源。如图2.12-5所示。

04 刻画地面和前面石头，确定地面中心为光源点，地面四周较暗，石头细致刻画，画出石头形态和细节、地面的斑驳，简单区分质感。如图2.12-6所示。

图2.12-5

图2.12-6

05 刻画左边树干，用黑白灰关系画出树干的体积，用黑线画出树干的走向，亮的地方重点刻画，画出树干的纹理。用亮的颜色画出画面光源，勾勒一下画面里物体的边缘线，调整一下整体画面的黑白灰关系。完成图如图2.12-7所示。

图2.12-7

2.13 构图转换案例十三

01 这张图由例图转换的程度较大，如图2.13-1所示，构图大体是学习左上角的横向构图，主体物为房子，由四周的植物走向指向视觉中心的房子，再由光源指向房子，确保视觉中心是房子而四周是陪衬。

由此画出线稿，线稿上保留参考图的构图，由树木、植物遮挡的主体物，四周植物学习左下角的例图。

图2.13-1

02 在线稿的基础上简单区分画面的黑白灰，首先新建一个图层，用油漆桶平铺一层深灰色调作基础，考虑固有色、距离后在四周的植物上铺深颜色，在植物、石头上简单地画几笔亮色，确定光源来自画面中心。如图2.13-2所示。

03 绘制画面中距离最近的右上

图2.13-2

角的树叶，因为是画面中的近景，所以要重点刻画得细一点，树叶作引导线指向主体物，画出树叶上的纹理细节、光源，右边的树叶较黑一点，中间的树叶亮一点，突出画面的中心。如图2.13-3所示。

04 刻画房子和画面的亮面，刻画房顶的细节、房子的形态和光暗，地面是亮面，引向中心点房子，再画出亮的云，突出画面的中心是亮的。如图2.13-4所示。

图2.13-3

图2.13-4

05 继续刻画房子细节，调整画面，让画面四周是暗部，突出画面中心点是亮的，稍微在四周的草丛上画出亮点指向房子，确保整个画面的引导线是指向房子的，整体调整画面的黑白灰。完成图如图2.13-5所示。

图2.13-5

2.14 构图转换案例十四

01 参考图如图2.14-1所示,是俯视的视角,构图为十字形构图。十字形构图通常有宗教上的意义,在构图转换中借鉴这一格式,以期能够给画面增添神秘气氛,例图中以河流作为引导线将视觉中心引导至主体物,在转换的过程中加入了山脉来另外起到引导的作用,在草图中画出山脉、河流以及主体物。如图2.14-2所示。

02 画面的构图涉及宗教的意义,因此在主体物的选择上倾向于带有图腾样式的建筑,用接近天空的明度画出远方的山脉,用空气感来暗示空间上的延展。如图2.14-3所示。

03 对画面中的主体物进行深入刻画,用破碎质感的笔刷画出水坝上的斑驳痕迹,被水流冲刷出的垂直水痕,将笔刷缩小,选择明亮的颜色在画面中的水平线,即堤坝横梁上点画进行提亮。如图2.14-4所示。

04 新建正片叠底图层,填充一层灰色,用柔头笔刷擦去受光处。继续新建图层,图层效果选择强光,用硬度为0的圆头笔刷,选择合适的明度,画在之前预留出的地方。如图2.14-5所示。

图2.14-1

图2.14-2

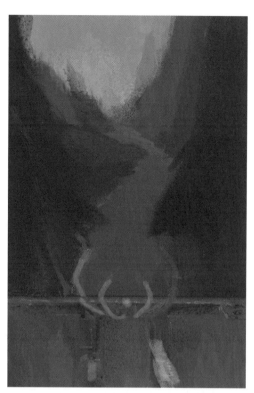

图2.14-3

图2.14-4

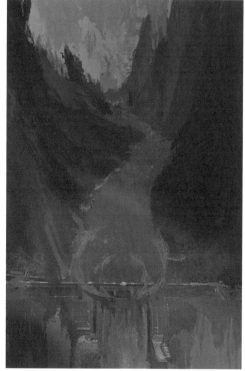

图2.14-5

05 新建颜色图层进行上色，使用蓝橙对比色来突出主体物，凸显视觉中心点，画出水面上的波光。完成图如图2.14-6所示。

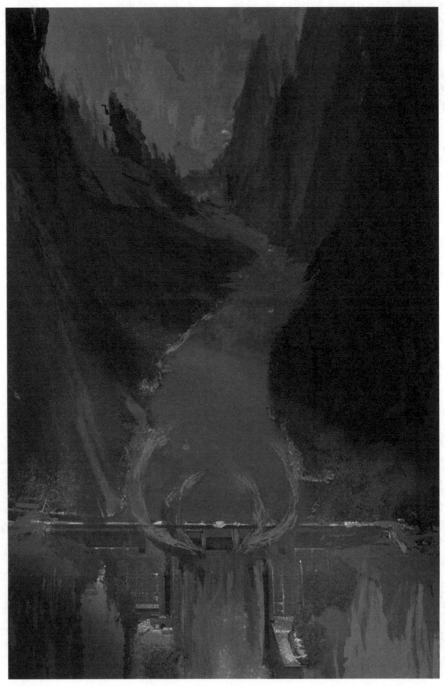

图2.14-6

2.15　构图转换案例十五

01 参考图中特有的外星地貌在画面中以特定的姿态扭曲延展，十分有韵律感，岩石以间歇露出的形式作为引导线，将视觉中心带往远方。如图2.15-1所示。

图2.15-1

02 创作也运用圆形曲线构图，电影中常常提到曲线构图，这种曲线看着比较舒服，有些类似字母S，所以也被简称为S形构图。

曲线构图，像是两个圆的局部连接起来的。曲线通常给人的感觉是优美，有变化、跳跃的感受，可以增加画面的美感和观赏感。

圆形构图是把景物安排在画面的中央，圆心正是视觉中心。圆形构图看起来就像一个团结的"团"字，用示意图表示，就是在画面的正中央形成一个圆圈，给人以团结一致的感觉，没有松散感，但这种构图模式活力不足，缺乏冲击力，缺少生气，所以圆形构图和曲线构图相结合会更好。如图2.15-2所示。

图2.15-2

03 刻画中景，细化岩石，岩石的细化过程中不仅要注重真实的体块关系，在进行写实的塑造时还可借助真实岩石肌理的素材进行叠加。如图2.15-3所示。

图2.15-3

04 添加细节，画出宇宙飞船。如图2.15-4所示。

图2.15-4

05 刻画前景，画出前景的岩石。完成图如图2.15-5所示。

图2.15-5

2.16 构图转换案例十六

01 首先分析参考图，如图2.16-1所示。此图是俯视的视角，为三分构图，以桥梁作为主体物连接近景与远景，构图转换时保持了这一特点，在左下角画山。整体情境偏向奇幻风，在画面的设定上，将例图中的主体物转换为发光的桥梁，取连通之意，在草图中大致确定除画面主体物以外其他各部分的分布。如图2.16-2所示。

图2.16-1

图2.16-2

02 添加主体物，更改桥梁的样式并将桥梁延伸到远景中，对于近处的山体进行进一步的塑造，大致画出明暗、体块与上面的植被，画出天空中的云，使云的走向朝主体物的方向延伸。如图2.16-3所示。

03 在远处用朦胧的笔刷添加雾气，降低远景的深度，拉宽视野。由于设定的更改，将例图中的城市建筑转变为水中礁石，刻画水面波纹、桥梁的倒影与水的关系，并处理水体亮度。如图2.16-4所示。

04 新建图层，图层效果选择线性光，使用套索工具选中桥面，用硬度为0的圆头笔刷，选择合适的明度，画在桥上。取消选区后使用模糊工具对清晰的边缘进行柔化，将图层的不透明度根据画面需要进行调整，在桥梁延伸的尽头添加简单的幻影。如图2.16-5所示。

图2.16-3

图2.16-4

图2.16-5

05 新建颜色图层进行上色，分区上色后新建图层，填充青色作为主色调，根据需要选择图层效果，将颜色进行统一。完成图如图2.16-6所示。

图2.16-6

2.17　构图转换案例十七

01 首先分析参考图。如图2.17-1所示，此图是垂直式构图，画面中路的引导、植物的朝向、树木的围绕都指向主体建筑，同时在画面中穿插一条小路来指向主体物。学习参考图中的构图和引导线，转换主体建筑来绘制草稿，在画草稿时就画出植物的朝向和各种细节。如图2.17-2所示。

图2.17-1

图2.17-2

02 在线稿的基础上铺画面的黑白灰，先用油漆桶平铺一层灰色调作基础，画面最黑的部分是距离最近的左下角椅子和植物丛，画面里植物为灰色调，主体建筑对比最强。如图2.17-3所示。

03 在第二步基础上继续画整体的黑白灰关系，让整体颜色暗下去，区分出植物和房子的质感差别，让距离近的植物最黑，让房子的对比最强。如图2.17-4所示。

图2.17-3

图2.17-4

04 刻画画面中的植物，重颜色由画面四周向中间过渡，让画面前面的植物对比强，背景的树木对比弱，拉开前后画面的距离。如图2.17-5所示。

05 刻画房子细节，保持房子的明暗对比最强，画出亮面，调整整幅画面的黑白灰，让小路是偏亮的，由小路指向主体物，确认整幅画面的中心点在建筑物上，没有对比太强的物体来抢主体物位置。完成图如图2.17-6所示。

图2.17-5

图2.17-6

2.18 构图转换案例十八

01 分析参考图，如图2.18-1所示，构图绘制线稿，构图是垂直式构图，主体是位于画面中心的建筑，画面大体呈现对称式，中心点就在画面的中心位置，这样的构图主体物通常也是对称形式的，主体建筑大约占了整个画面的二分之一，所以要重点刻画。如图2.18-2所示。

图2.18-1 图2.18-2

02 在线稿的基础上简单铺画面的黑白灰，主体物是亮的，背景灰，距离主体物最近的树是最黑的，拉开画面距离，刻画一下树的形态和细节。如图2.18-3所示。

03 继续画背景的黑白灰，最后面的城堡是最灰的，简单地铺形态，铺白云的颜色，白云也不要太亮，后面背景对比不要太强烈。如图2.18-4所示。

图2.18-3

图2.18-4

04 继续刻画后面背景，画出白云的形态、城堡的细节，还是保证画面最黑的部分是树，最亮的是主体建筑，让后面背景整个灰下去。如图2.18-5所示。

05 重点刻画主体建筑，画出建筑的形态、细节、明暗，建筑上的植物亮一点，和后面的树拉开距离，建筑的细节重点刻画，属于整个画面最亮、刻画最细的部分，让画面的重点放在中心点。完成图如图2.18-6所示。

图2.18-5

图2.18-6

第3章

造型塑造与笔刷

　　本章为单体练习，锻炼深入塑造的能力，增加画面的细节表现和画面感染力。在场景绘画的过程中，根据创作题材、类型的不同，画面中的主体物也分为很多种类：山石、建筑、植物等，都需要系统地进行练习；云、水等质感类元素也需要掌握，即使作为陪衬出现在画面中，也需要有准确的提炼概括能力；这样，画面才会生动有力。

　　根据物体质感的要求，有时需要耗费大量时间来调整刻画，而笔刷的灵活运用可以大大缩短这一过程。绘画软件中的各种工具使用在合适的地方，可以为画面添彩；在工具的切换中实现几乎所有绘画效果，是数字绘画相对于传统绘画技法很大的一项优势。

3.1 造型塑造案例一

01 选择合适的参考图，如图3.1-1所示，在灰色背景上新建图层，用带肌理的方头笔画出树冠和树干的大致轮廓。如图3.1-2所示。

图3.1-1

图3.1-2

02 选择适合主体物种类的散落树叶笔刷，在树冠的位置进行塑造，根据树冠的形状无法自动调整颜色的笔刷，需要手动区分明暗。如图3.1-3所示。

03 缩小使用粗糙的山石肌理笔刷按树干的走向进行深入刻画，在用笔时将笔刷的灵敏度调高，轻轻扫在树干上，用颜色一层一层地进行叠加，带肌理的半透明笔刷可以将底层的颜色自然地透出，产生树干上青苔的斑驳感。如图3.1-4所示。

图3.1-3

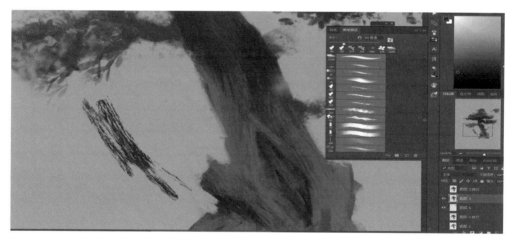

图3.1-4

04 使用多种笔刷，在适当的位置进行深入塑造，如水彩罩染类可以用于局部加深或提亮，边缘清晰的树叶状笔刷可以用于刻画重点部位，半透明带肌理的笔刷则可以用于多个部位的局部塑造。如图3.1-5所示。

05 按参考图进行调整，为符合树的形态进行了整体色调的调整，新建图层填充青色，图层效果选择叠加，不透明度调整为50%。调节散落树叶笔刷，根据下笔力度和笔刷大小的调节来进行深入刻画。完成图如图3.1-6所示。

图3.1-5

图3.1-6

3.2　造型塑造案例二

01 用PS里最基础的笔刷勾出房子线稿和植物，线条尽量简单干净，注意房子的透视。如图3.2-1、图3.2-2所示。

图3.2-1

图3.2-2

02 用55号湿海绵笔刷铺底色，底色单纯地考虑建筑本身的固有色，用湿海绵笔刷铺底色是因为这款笔刷可以叠加，画出来的颜色透，这样在铺底色后最后画出的画面是透气的，不会很死。如图3.2-3、图3.2-4所示。

03 继续用55号湿海绵笔刷画出前面台阶的细节，画出光线的走向、台阶和地面质感的区分。如图3.2-5所示。

04 用100号"Hard Square 22 pixels 1"笔刷，类似于马克笔笔刷，可以很轻易地进行颜色渐变，画出来的颜色很透气很干净。用这个笔刷刻画房子，房子的正面和侧面用PS里的渐变工具从上向下做颜色渐变，再勾线刻画细节，屋顶下面也用渐变工具做渐变，在台阶上画出质感细节，再在房子下面画出光线走向。如图3.1-6、图3.2-7所示。

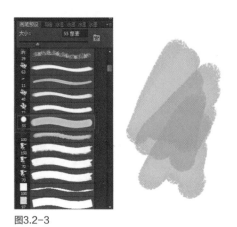

图3.2-3

图3.2-4

图3.2-5

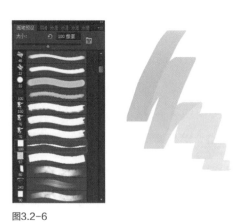

图3.2-6

图3.2-7

05 用90号"Sampled Brush 43"笔刷画右下角草丛，这种笔刷可以画出类似树叶的样子，不过和一般树叶的笔刷不同，这种笔刷可以画出紧凑的一群叶子，拿笔刷铺出草丛明暗面，再用之前那个马克笔笔刷刻画出亮的树叶。如图3.2-8、图3.2-9所示。

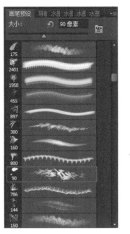

图3.2-8

图3.2-9

06 最后调整一下整体画面，把线稿的图层隐藏。完成图如图3.2-10所示。

图3.2-10

3.3 造型塑造案例三

01 按照参考图用硬度低且边缘形状散落的笔刷进行大致轮廓的绘制。如图3.3-1所示。

02 分出海水的明暗面、浪花与后方的水汽，选择合适的水花笔刷沿着海浪运动的轨迹刷在边缘处。如图3.3-2所示。

图3.3-1

图3.3-2

03 在选择水花笔刷时，最好选用可以随画笔移动自动进行方向更改的笔刷，这样能够更便捷地作画，画出来的效果也会比较自然。细一点的笔刷适用于局部点缀或是需要细致处理的地方，如图3.3-3所示；夸张一点的笔刷则适合画汹涌的浪涛或需要大面积填充的地方，如图3.3-4所示。

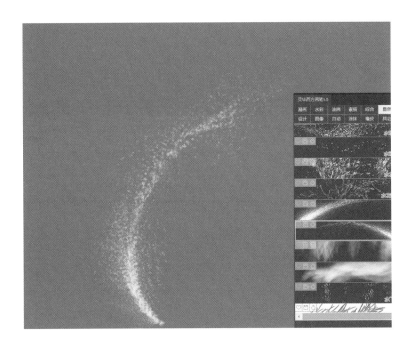

图3.3-3

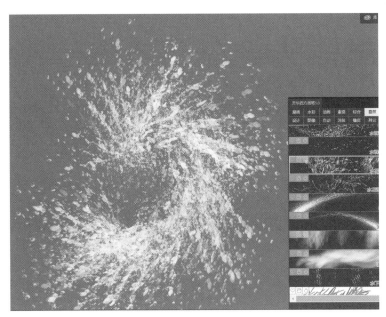

图3.3-4

04 用普通云彩笔刷来画水汽激荡的部分，在适当的位置添加小水珠，在海面的部分使用带肌理的笔刷，将画笔调小，沿水平方向画出细小的波纹。如图3.3-5所示。

05 使用色相/饱和度对画面的颜色进行调整，降低饱和度，调整色相，使画面整体色调趋向柔和。完成图如图3.3-6所示。

图3.3-5

图3.3-6

3.4　造型塑造案例四

01 新建画板，在进行单体塑造练习时可以在背景图层填充灰色作为参照。

02 选择画笔起稿，给四方石头画出三个黑白灰面和投影。如图3.4-1所示。

03 选择细小画笔给石头大致加上一点缺口和裂纹。如图3.4-2所示。

图3.4-1

图3.4-2

04 找合适的带有岩石质感的图片进行纹理参考。如图3.4-3所示。

05 选择"神笔"画笔，细化石头的裂缝和磕碰的缺口，在塑造时除了素描关系之外，带上冷暖关系能够使塑造的物体更加丰富。效果如图3.4-4所示，笔刷如图3.4-5、图3.4-6所示。

图3.4-3

图3.4-4   图3.4-5   图3.4-6

06 继续细化石头的亮面，加上草地。完成图如图3.4-7所示。

图3.4-7

3.5　造型塑造案例五

01 选择画笔起稿，给四方石头画出三个黑白灰面和投影，除砖石的形状比较规整之外，其他的岩石通常是以不规则形状成组出现的。如图3.5-1所示。

02 搜集岩石图片进行纹理参考，以及对苔藓的生长方式进行观察。如图3.5-2、图3.5-3所示。

图3.5-1

图3.5-2

图3.5-3

03 选择细小画笔给石头大致加上一点苔藓和绿草，并对岩石进行进一步塑造，用细笔画出岩石积压堆叠的层层纹理。如图3.5-4所示。

图3.5-4

04 选择"神笔"画笔，细化石头的裂缝、磕碰的缺口、苔藓，稍带肌理的笔刷都可以用来塑造苔藓毛茸茸的质感。笔刷设置如图3.5-5、图3.5-6所示。

05 继续细化石头的亮面和草地的亮面，着重刻画苔藓特有的材质。如图3.5-7所示。

图3.5-5　　　　图3.5-6　　　　　　　　　　　　　　　　图3.5-7

06 选择视线焦点处的岩石进行细致的刻画，为画面塑造出精彩的部分，如图3.5-8所示。完成图如图3.5-9所示。

图3.5-8

图3.5-9

3.6　造型塑造案例六

01 在图层面板中，选中图层1，点击【滤镜】，选择【消失点】，选择【创建平面工具】，在面板上拉出想要的透视点。透视效果可以根据自己的需求绘制。根据透视线用线的形式勾勒出建筑物。如图3.6-1所示。

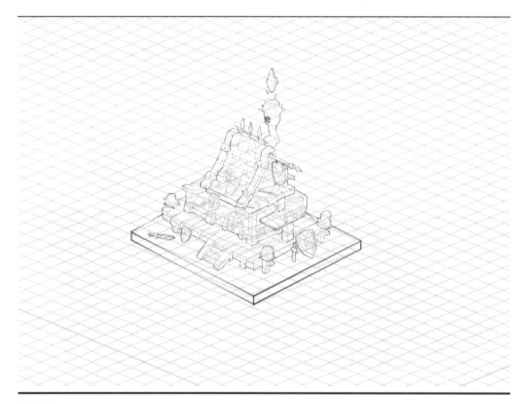

图3.6-1

02 选中房子区域，用不透明画笔进行色块填充，要注意先区分出大的亮灰暗，一般房顶最重，往下对比要减弱。如图3.6-2所示。

03 具体区分出每一个小物体的固有色，尽量色块上都有所区别，这样可以达到丰富物体细节的效果。如图3.6-3所示。

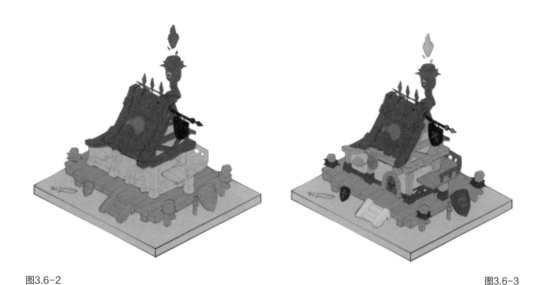

图3.6-2

图3.6-3

04 添加物体投影，选用正片叠底图层，加上大面积投影和每个小个物体的投影。如图3.6-4所示。

05 新建正常图层，用选区工具和渐变工具，从屋顶中心位置开始细化区分转点，给建筑物的每个部分分别添加阴影。如图3.6-5所示。

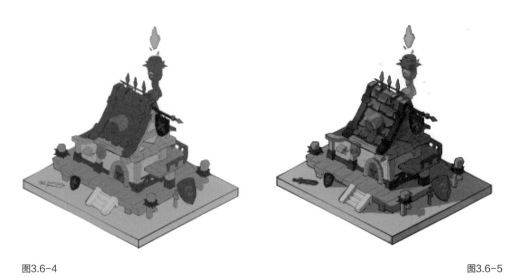

图3.6-4   图3.6-5

06 选用选区工具和渐变工具进一步刻画，刻画时要注意大的虚实、透视等关系。完成图如图3.6-6所示。

图3.6-6

3.7　造型塑造案例七

01 用单色线条定下整体的外形轮廓，草图不必追求造型的严谨，重要的是确定树干的趋势、树冠的形状以及整体的造型，调整到合适的位置。如图3.7-1所示。

02 画出树干的纹理，在选择颜色时可以适当添加主色调的邻近色。如图3.7-2所示。

03 定下光源的来光方向，画出树冠。树冠的细节看似复杂，但在刻画之初，只需要将树冠看作块面进行整体概括，如图3.7-3所示，选择与塑造树干时相同的笔刷即可，如图3.7-4所示。

图3.7-1

图3.7-2

图3.7-3

04 详细刻画树干部分的细节。如图3.7-5所示。

05 刻画树冠部分细节，并在树干上添加树冠留下的投影。完成图如图3.7-6所示。

图3.7-4

图3.7-5

图3.7-6

3.8　造型塑造案例八

01　先根据参考图画出物体的大概形状，在进行绘制物体外轮廓时，注重其剪影特征，草稿不必追求精细，主要是物体的属性种类。如图3.8-1所示。

02　用类似于截图中的粗糙质感的笔刷铺出大体色调，粗糙质感的笔刷有助于表现山石肌理以及石头上的苔藓质感。如图3.8-2所示。

03　在基本山石造型的基础之上慢慢细化物体的明暗关系和细节等，用实一些的笔刷绘制体块关系，对参考图按主观审美进行提炼概括。如图3.8-3所示。

04　一步一步加强对比，进一步确定明暗关系，绘制山石周围的野草，在绘制植物的时候注重表现植物的生命力，尤其是野生植物生长于石缝中却生机勃勃的景象。如图3.8-4所示。

图3.8-1

图3.8-2

图3.8-3

图3.8-4

05 根据参考图增加小细节，使画面更加具体和深入；全部深入每一处细节会使画面失去重点，只需选择几处重点之处进行塑造。笔刷如图3.8-5所示。

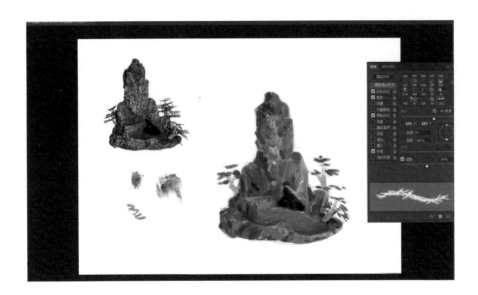

图3.8-5

06 加入物体质感素材，添加叠加图层，把素材放入叠加效果图层，超出物体部分可用橡皮擦掉，调整画面。完成图如图3.8-6所示。

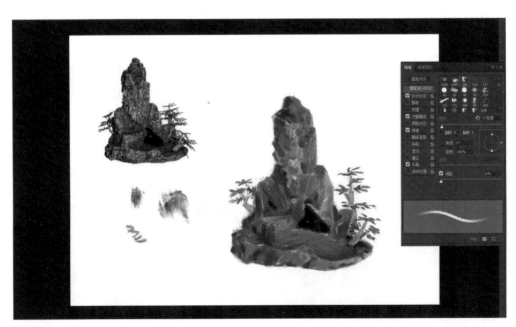

图3.8-6

3.9 造型塑造案例九

01 先根据参考图画出物体的大概形状，用单色画出物体轮廓，然后用粗糙有质感的笔刷铺出树木的大体色调。如图3.9-1所示。

02 新建图层蒙版，慢慢细化物体的明暗关系和细节等，一步一步加强对比。如图3.9-2所示。

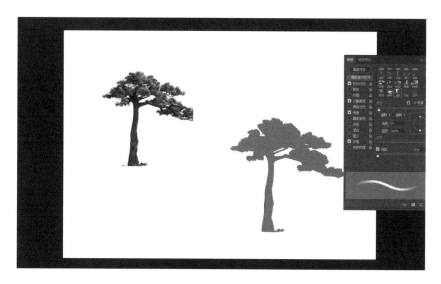

图3.9-1

图3.9-2

03 在明暗关系确定之后，根据参考图增加小细节，使画面更加具体和深入，简练地概括物体边缘，用树叶笔刷画出树叶细节。如图3.9-3所示。

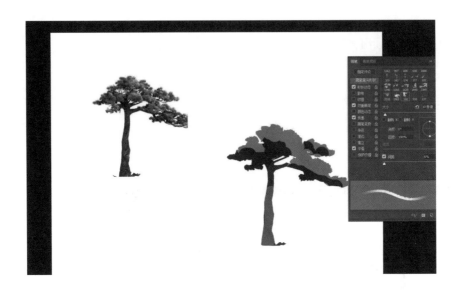

图3.9-3

04 一步一步加强对比，进一步确定明暗关系，用大色块来对物体的体积明暗进行概括，整体对画面进行推进。如图3.9-4所示。

05 根据参考图增加小细节，使画面更加具体和深入，在色环中选择绿色的邻近色丰富画面的色彩，在明暗的基础上进一步用色彩塑造体积。笔刷如图3.9-5所示。

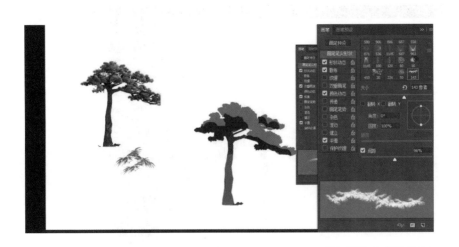

图3.9-4

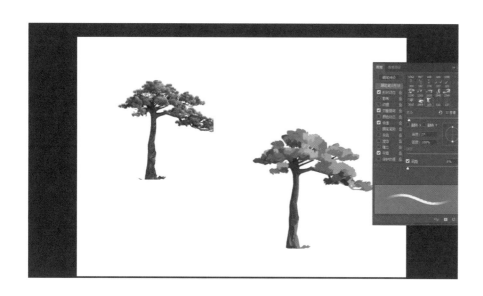

图3.9-5

06 加入物体质感素材，添加叠加图层，把素材放入画面，超出物体部分可擦掉，树的树冠和树干部分要区别开进行质感的塑造，调整画面。完成图如图3.9-6所示。

图3.9-6

3.10　造型塑造案例十

01 建筑单体在场景中的作用十分重要，在整个场景中看到某一个建筑，需要注意这个建筑是否符合整个场景的气氛与关系，考虑它在这个气氛中是做什么的，古代气氛中的酒坊、当铺，现代建筑中的银行、花店，未来气氛中的研究所、船舱等，这些气氛赋予了一个单体建筑特有的功能和外形。同时，单拎出来的时候也必须考虑这个建筑本身的形体美。设计的时候要考虑这个建筑在游戏或者影视作品中的位置、主次关系以及功能。图中的建筑设定是古代背景下的酒楼，是三层的建筑，最上层的阁楼两旁有两个附属建筑，高挂两个大灯笼来吸引顾客。如图3.10-1所示。

02 接下来在草稿的基础上起线稿，在PS中的shift键可以帮助我们画出理想的直线，在画完建筑的大体块之前不要着急画瓦片以及细节，多多调整线稿的角度以及建筑的结构，看看是否有不合理的地方。如图3.10-2所示。

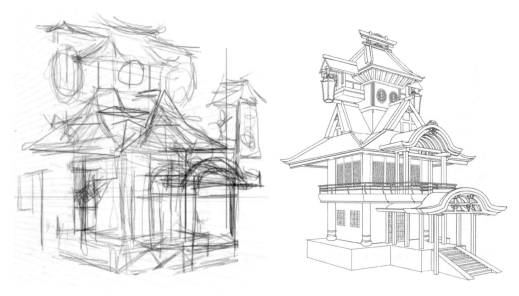

图3.10-1　　　　　　　　　　　　　　　　　　　　　　　　　　　　图3.10-2

03 线稿中大体确定结构舒服的时候，可以开始进行加瓦片和丰富建筑的结构与装饰的步骤了，可以看到这里把建筑的底座调整成为梯形，避免了头重脚轻的视觉违和感，最上方的阁楼上加了一些柱子来支撑，拱的形状也参考了许多现实中的中式建筑。如图3.10-3所示。

04 线稿全部搞定之后，不要着急上颜色，我们的首要任务是明确这个建筑中的素描关系，在上素描关系的时候尽量少考虑物体的固有色，把它想象成一个正方体分出三个面——顶面、侧面、地面即可。如图3.10-4所示。

05 大的块面分出来以后，可以开始适当加入物体的投影以及区分固有色了，这里将斗拱跟屋脊的颜色处理得深了一些（使用PS图层模式中的正片叠底覆盖在原建筑上即可）。整幅图的大致固有色关系为：屋脊、墙体的装饰与斗拱为黑，瓦片与柱子为灰，墙体为白色。如图3.10-5所示。

图3.10-3

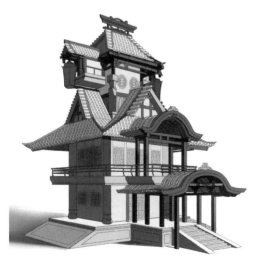

图3.10-4

图3.10-5

06 此时，发现图中的固有色对比过于突出，看上去有一些杂乱，破坏整体的素描关系，于是利用"变亮"与"正片叠底"两个图层模式在原有的图层上加以修改统一。如图3.10-6所示。

07 此时，画面中的素描关系已经差不多了，接下来开始上色。我们都知道，画面中的色相不超过三种的时候画面才会看上去比较舒服，于是在这个建筑中选择蓝、黄、褐为主要的颜色，分别为：瓦片为蓝色，底座与柱子为黄色，屋脊、墙体的装饰与斗拱为褐色，墙体留白。如图3.10-7所示。

08 可以尝试在拱的上面加一些黄色装饰，注意面积不要太大，以免破坏整体。在灯笼填充橙色之后新建一个图层，图层模式为"叠加"，在这个图层上用喷枪工具涂一些黄色，即可制造发光的效果。之后再把门窗以及一些小的细节补完，确保画面的完成度。如图3.10-8所示。

图3.10-6

图3.10-7

图3.10-8

09 建筑单体画完之后，最后一步对于整体画面来说也相当重要，那就是添加气氛，加一些树木或者石头便可以达到很好的效果，但要注意树木与石头的对比度不能太高，色相不能太艳丽，否则会淡化主体物。也要注意不可过多遮挡主体物，它们的作用只是衬托主体物而已。至此，单体建筑设计图便大功告成了。完成图如图3.10-9所示。

图3.10-9

3.11 造型塑造案例十一

01 先根据参考图画出物体的大概形状，用单色画出物体轮廓，然后用粗糙有质感的笔刷铺出石头的大体色调。如图3.11-1所示。

02 画出岩石的固有色以及大致的明暗分区，确定光源，慢慢细化物体的明暗关系和细节等，一步一步加强对比。如图3.11-2所示。

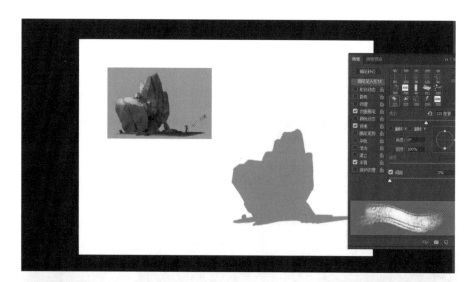

图3.11-1

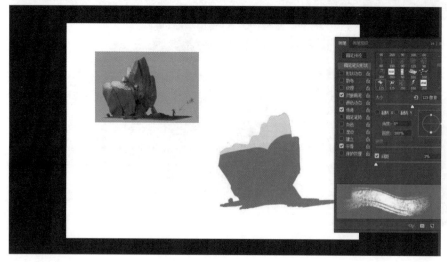

图3.11-2

03 在明暗关系确定之后，根据参考图增加小细节，使画面更加具体和深入。明暗关系表达清楚之后，用笔刷画出石头质感，加强细节的刻画。如图3.11-3所示。

04 一步一步加强对比，进一步确定明暗关系，不规则边缘的粗糙肌理笔刷都可以用于绘制岩石、山体等物体。如图3.11-4所示。

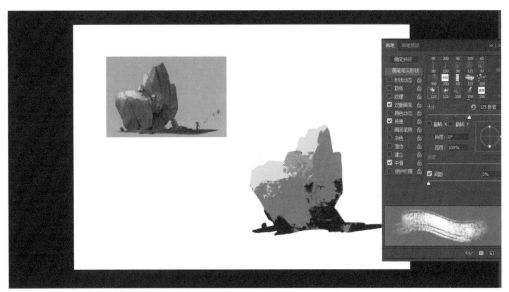

图3.11-3

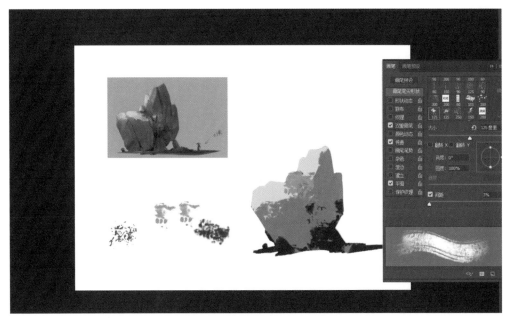

图3.11-4

05 根据参考图增加小细节，使画面更加具体和深入，在学习参考图的时候不需要追求和原图一模一样，重点在于原图在某些关键部位的手法处理。如图3.11-5所示。

06 加入物体质感素材，在选择肌理素材时根据需要贴图的物体不同，素材也要有针对性地进行选择，添加叠加图层，把素材放入画面，超出物体部分可擦掉，调整画面。如图3.11-6所示。

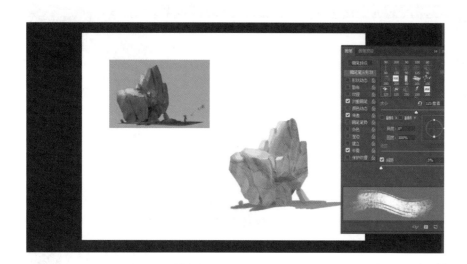

图3.11-5

图3.11-6

3.12　造型塑造案例十二

01　用PS里的基础笔刷按照参考图（图3.12-1），画出石头的大致形状和草的大致范围以及外轮廓线，画出石头的明暗交界线。如图3.12-2所示。

02　用 36 号画笔，如图3.12-3所示，铺石头和草的底色，铺底色的画笔选择可以叠加，笔刷边缘有痕迹的就可以，这样铺出来的底色既透气又有质感。在最开始铺色时就要区分受光面和背光面。如图3.12-4所示。

图3.12-1   图3.12-2

图3.12-3   图3.12-4

03 用435"SmokOo"笔刷，如图3.12-5所示，画出石头上面的青苔，这种笔刷也可以用于画云，用不同的颜色一层一层地叠在上面。如图3.12-6所示。

图3.12-5

图3.12-6

04 用55号海绵笔刷，如图3.12-7所示，画下面的植物，一开始画的颜色很透才能让后面的刻画不会很死。画出植物的走向、树叶的大致形状，再把下面的阴影加一下。如图3.12-8所示。

图3.12-7

图3.12-8

05 用100号"Hard Square 22 pixels 1"笔刷，如图3.12-9所示，继续深入刻画，用深颜色收一下石头的外形，刻画出石头的细节，画出石头表面青苔的具体形状，点缀一下就好。具体地画出植物的形状，注意植物颜色变化，画出植物前后上下的变化，不要画得太平。简单地勾一下地面的阴影和做点缀的石头形状，画出高光。如图3.12-10所示。

06 完成图如图3.12-11所示。

图3.12-9

图3.12-10

图3.12-11

3.13 造型塑造案例十三

01 首先铺一个蓝色的画布，铺出想要的形状，分出受光面、背光面和底面。任何一个物体，即使是圆的，也要分出明暗交界线。如图3.13-1所示。

02 下一步细分出每一个小云朵具体的面，由简到繁，由繁到简，这个步骤是不能跨越的。细分出云朵的每一个面。在铺色时用粉笔状画笔使边角不那么明显。如图3.13-2所示。

图3.13-1

图3.13-2

03 将分出来的面做规划，连到一起，分出一个层一个层，在由局部到整体的过程中，画笔透明度跟流量不能太高，保留暗部的颜色倾向。如图3.13-3所示。

图3.13-3

04 由简单到复杂，找好亮部暗部的形状，以及交界线的形状，让云朵更加立体，看似一块一块，但实际上具有一定规律即可使物体富有层次，再用喷枪工具将边缘弱化，加一些质感使其更加柔和。如图3.13-4所示。

图3.13-4

05 最终用喷枪工具将透明度流量降低,刻画云的质感,再用其他笔刷(自己喜欢的即可)收形。完成图如图3.13-5所示。

图3.13-5

3.14　造型塑造案例十四

01 用PS里的基础笔刷按例图画出线稿，树叶画出大范围就好，树叶、树上纹理画得轻一点。如图3.14-1所示。

图3.14-1

02 树干部分用PS里的渐变工具竖直地由深到浅从上往下做渐变，颜色选择树干的固有色。树叶用55号湿海绵笔刷，如图3.14-2所示，铺固有色，后面的树叶颜色深，上面的树叶用灰绿色和亮色区分明暗面。背景和地面简单的铺纯色颜色。如图3.14-3所示。

图3.14-2

图3.14-3

03 用74号"散布枫叶"笔刷，如图3.14-4所示，画出树叶，先用深颜色铺树叶，再用浅颜色铺上去，这样铺出来的树叶有层次感。用100号"Hard Square 22 pixels 1"笔刷，如图3.14-5所示，类似于马克笔笔刷，画树干的纹理，多选不同的树的颜色画出树的体感，光源亮面在树的正面，在正面画出在光照下树的光斑。如图3.14-6所示。

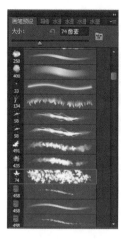

图3.14-4

04 新建图层，在树干上贴树皮的素材，注意贴的时候不要有漏下和重叠的部分，枝干边缘贴的部分可以用橡皮降低透明度擦虚一点。如图3.14-7、图3.14-8所示。

图3.14-6

图3.14-5

图3.14-7

图3.14-8

05 继续用100 号"Hard Square 22 pixels 1"笔刷，如图3.14-9所示，刻画树的纹理，刻画树皮上的光斑，同时画地面、石头的质感细节，确定画面光源是从右上角照过来，在树和石头上点上高光。最后整体调整一下色调。完成图如图3.14-10所示。

图3.14-9

图3.14-10

第**4**章
色彩与色调

　　色彩是一幅作品的灵魂。画面的色调决定了整幅作品的氛围，偏暖的色调多用于体现恢宏、温暖的场景，而冷色调则强调恐怖、压抑的气氛；主观色调的把控是作者对于场景所蕴含的情感表达的重要一环。

　　在完成一张彩色场景创作的过程中，通常有叠色和直接上色两种方法，这两种方法各有利弊，在本章中都有案例讲解。黑白起稿后期叠色能够更好地把控画面，在完善的素描关系中寻找色彩关系，但叠色有时会达不到预期效果，需要后期进行修饰。

　　颜色起稿则比较容易画出更漂亮的颜色，有时通过颜色上的冷暖对比或饱和度对比就能塑造出物体的体积感。直接上色相对于黑白起稿容易在绘制中期产生混乱，使画面失去重心。

4.1 色彩与色调案例一

01 选择一张带有纹理的图，根据图片自身的肌理进行想象。这里选用了一张海螺的图片，根据海螺的形状特征对图片进行了自由变换。如图4.1-1所示。

02 使用自由变换、液化和套索等工具对图片进行拉伸与位置调整，使用粗糙肌理的笔刷对缝隙进行填充，在变换的同时进行构思。如图4.1-2所示。

03 照初步构想继续深入，添加主体物与远景，并为画面设定情境，调整色相饱和度，将画面颜色变为黑白，按现有轮廓继续塑造主体物。画面的主体物是外星建筑，在塑造时多用离奇怪异的形状进行装饰。如图4.1-3所示。

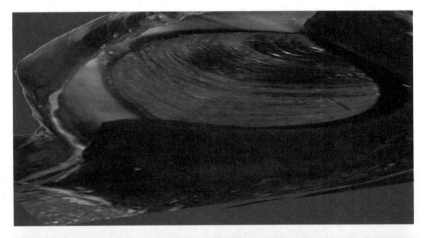

图4.1-1

图4.1-2

图4.1-3

04 为配合画面气氛，在色彩上选用鲜艳夸张的颜色，如图4.1-4所示，蓝紫色往往代表魔幻的气氛，天空中的蓝色和近处地面的蓝色选用不同种类的蓝，蓝绿色更透气，蓝紫色更深沉，在使用颜色图层为主要的形体整体上色后，再缩小笔刷进行更细致的上色，使色彩更具多样性。如图4.1-5所示。

图4.1-4

图4.1-5

　　05 大气的厚度带来蓝灰的色彩，新建图层使用渐变工具向下拉填充蓝灰色，增加大气的厚重感，在主体物上添加细小的光点，近处使用草丛岩石的添加重色，完成图如图4.1-6所示。

图4.1-6

4.2　色彩与色调案例二

01 这张色稿绘制的是背光下被植物包围的山头，下面是庙宇的立牌和围墙，山头最上面是一座城堡。整幅图的色调是偏冷的黄绿色调，构图是垂直式构图。首先绘制色稿，因为选择的视角是偏仰视的，所以下面的建筑物和植物画得较细，上面的植物、城堡画出范围就好。如图4.2-1、图4.2-2所示。

02 用55号湿海绵笔刷，如图4.2-3所示，铺底色，画面的底色笔者习惯用较灰较暗的颜色，在最开始就定好画面的色调，笔刷用可以叠加，画出来颜色很透的笔刷，这样画出来的画面就很透气。如图4.2-4所示。

图4.2-1   图4.2-2

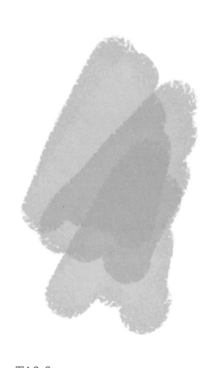

图4.2-3

图4.2-4

03 继续用55号湿海绵笔刷
画山上的植物，因为是速涂的色稿
不需要画得多细致，但是要画出植
物之间上下层层叠叠的感觉，画出
树木茂盛的感觉和树叶的受光面和
背光面，还要画出树木之间遮挡的
阴影，这一步需要多些耐心。如图
4.2-5所示。

图4.2-5

04 用100号 "Hard Square 22 pixels 1" 笔刷，如图4.2-6所示，刻画下面建筑物，画建筑物新建一个图层，用PS里的渐变工具在建筑物上画（因为光源的色彩渐变），再画出建筑物身上的裂缝之类的细节和质感。如图4.2-7所示。

图4.2-6

图4.2-7

05 用496号 "3D 云朵-1"，如图4.2-8所示，画出最下面水的质感，选灰白的颜色在水面上画出云的倒影，让水面的颜色整体灰下去，不要抢中间建筑物。如图4.2-9所示。

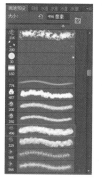

图4.2-8

图4.2-9

06 用PS里基础笔刷画天空的颜色，降低画笔透明度，让天空过渡自然，再用350号"云朵-3"笔刷，如图4.2-10所示，画云的具体形状，让云的走向指向画面中间。用PS里的渐变工具画出楼梯的颜色变化，再用湿海绵笔刷简单画出楼梯的细节和上面城堡的受光背光面，注意对比不要太强。如图4.2-11所示。

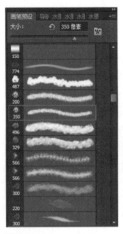

图4.2-10

图4.2-11

07　用PS里的曲线工具调整一下整体画面，因为这张图的光源选择的是一张大背光，又因为画面中需要安静神圣的气氛，因此画面中的亮色选择在山的边缘处画一层光线亮面，让整个画面中心部分亮起来更突出。完成图如图4.2-12所示。

图4.2-12

4.3 色彩与色调案例三

01 选择一张不涉及版权可以商用的图片，如图4.3-1所示，按照自己的构思对图片进行变换，借助现有的图片可以对构思进行完善，新建图层按照构思进行起稿。如图4.3-2所示。

图4.3-1

图4.3-2

02　画面以山谷为主题，主色调选用清新的绿色，在铺色的时候尽量照顾到整体，在阳光照射到的地方使用鲜艳的草绿色，而在山谷的背阴处则选用墨绿色，天空使用蓝灰色调从而体现空间的延展。如图4.3-3所示。

图4.3-3

03　在山谷的远处使用正片叠底叠加山石素材，大致画出云的体感，构思主体物的形状、动态以及在画面中的位置，用墨绿色堆砌出近处山石的形状。如图4.3-4所示。

图4.3-4

04 画面的主体物设定成为栖息在山谷中的外星生物，主体物的色彩与画面整体色调接近，在被光照射的地方增加一抹亮色作为画面的焦点以及视觉中心，确定阴影的界限，在阴影中增加蓝绿色增强透气感，使用笔刷在山谷尽头画上星球，强调画面的荒诞感受。如图4.3-5、图4.3-6所示。

图4.3-5

图4.3-6

05 新建图层，图层效果选择叠加，填充青色起到提亮暗部以及统一画面整体色调的作用，在主体物图层的上面新建线性光图层，使用剪切图层蒙版，用柔软的圆头笔刷选择亮色刷在画面主体物上。完成图如图4.3-7所示。

图4.3-7

4.4　色彩与色调案例四

01 用简单的线条表示出具体要画的物体形状和位置。同理，这一步就要考虑好具体的构图以及画面物体的布局。如图4.4-1、图4.4-2所示。

图4.4-1

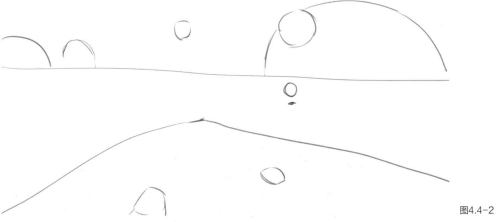

图4.4-2

02 用大色块表示出物体形状、造型以及明暗，选择邻近色作为星球的颜色，既可以丰富画面色彩又不会过于跳脱。如图4.4-3所示。

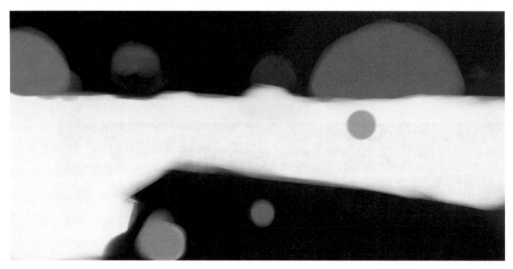

图4.4-3

03 这一步确定画面主题的色调，初步塑造云海的质感和体积，在刻画阴影时减少对明度的降低，改为调整色彩饱和度。如图4.4-4所示。

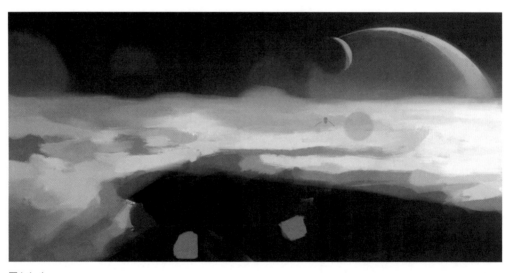

图4.4-4

04 为整个画面增加氛围以及空间感，通过对前景中的云朵的进一步刻画以及对远处的模糊处理来使画面更加有空气感。如图4.4-5所示。

图4.4-5

05 刻画前景、中景、后景，为画面增加小细节，把一些合理的小元素加入画面，使画面更有动感，更加丰富。完成图如图4.4-6所示。

图4.4-6

4.5　色彩与色调案例五

01 在初始构想的时候，必须清楚一张大场景中需要有近景、中景、远景，明确之后，通过打光的效果确立颜色的明暗关系，这张图前景跟中景的一半处于阴影之中，远景处于光明之中，这里希望把中景跟前景中稍微被日光照到的地方作为视觉中心，这个地方的颜色要更加艳丽鲜明。如图4.5-1所示。

图4.5-1

02 在色彩关系不变的情况下寻找暗处的细节，在刻画的时候要注意寻找小的光感、颜色的变化，但是处于暗处的建筑要统一，对比不能太强，色相要一致，饱和度不可太高。如图4.5-2所示。

图4.5-2

03 在近景塑造得差不多的时候就开始远景的塑造了。由前面的步骤我们可知，远景处于光照的地方，而且位于画面的远处，所以要虚一些，颜色方面也要多偏向于环境色，在此步骤中这幅图基本已经完成。如图4.5-3所示。

图4.5-3

04 注意：亮部得颜色处于视觉中心，整幅图的视觉线都引导向这个地方，自然颜色的明度要高，对比度也要大，色相区分也要相对明显一些，同时要注意颜色的鲜活，保证画面的协调。如图4.5-4所示。

05 在近景跟远景衔接的地方要注意边缘线明显，色彩的明度跟冷暖要拉得大一些，这样做才能使空间拉开，使画面更加透气。如图4.5-5所示。

图4.5-4

图4.5-5

06 最后这一步加入了一些小的元素，例如人物、旗帜、灯笼等，在加这些元素的时候也基本上选择画面上出现过的颜色，这样做能使整幅图在颜色上不会显得太过突兀，最后进行滤镜的调整之后，这幅场景创作就完成了。完成图如图4.5-6所示。

图4.5-6

4.6　色彩与色调案例六

01 用线条勾出草图，就是用简单的线条表示出具体要画的物体形状和位置。这一步就要考虑好具体的构图。如图4.6-1、图4.6-2所示。

图4.6-1

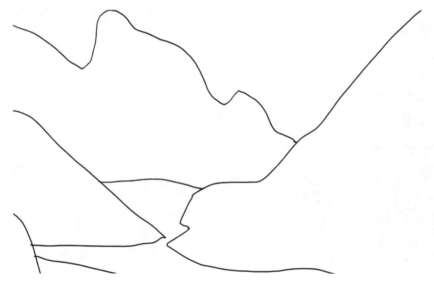

图4.6-2

02 用大色块表示出物体形状、造型以及明暗，这一步先确定合理的色调，雪山的主体色调是灰色，被阳光照射的亮面呈暖色，背光处为冷色。如图4.6-3所示。

03 这一步着重刻画雪山，深入雪山的明暗关系及细节表达，对被雪覆盖的山峰形状进行提炼概括，依照山峰走势画出雪的明暗。如图4.6-4所示。

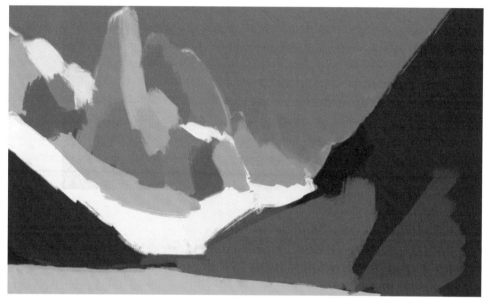

图4.6-3

图4.6-4

04 刻画前景、中景、后景，慢慢拉开空间感，在绘制天气较为晴朗的场景时，中景的清晰度会比较高，但远景仍需要进行虚化，继续丰富画面细节。如图4.6-5所示。

图4.6-5

05 为整个画面增加氛围，增加空气感，通过加云朵以及对远处的模糊处理来使画面更加有空间感。完成图如图4.6-6所示。

图4.6-6

4.7　色彩与色调案例七

01　在绘画场景的前面先找好自己想要什么样的构图样式，再下笔，首先选用的是这种沟壑来表达这种场景气氛。如图4.7-1所示。

02　稍加改动使风格发生变化，用这种强烈的对比在铺色时区分前后关系。如图4.7-2所示。

图4.7-1

图4.7-2

03 稍加一些光线,这张铺色采用两点光源自然光和自发光,铺色时没有过多的笔刷要求,只要自己习惯喜欢就行。如图4.7-3所示。

图4.7-3

04 在画色彩气氛时,起初不要太空,适当地学会添加东西,添加时注意前密后疏、前疏后密等疏密关系,以及铺色时前后的关系与冷暖对比。如图4.7-4、图4.7-5所示。

图4.7-4

图4.7-5

05 这幅画虽然说看起来空洞，但是再空洞的画面也要学着用色彩的关系和疏密的关系，去判断画面哪里应该整，哪里应该密，哪里应该细，哪里应该加光，在绘画时心里一定要有整体观念。完成图如图4.7-6所示。

图4.7-6

第**5**章
场景创作

　　本章主要考验综合创作能力，运用前几章所学，完成完整的场景创作，画出自己的风格。在课程中大家的学习体系基本相同，构图、造型、色彩，按步钻研，但在画风上却有各自的喜好，有人偏爱日系动画场景，也有人追求CG原画场景制作，在学习的过程中，逐渐确定适合自己的绘画风格，发挥所长，完成场景创作。

5.1　场景创作案例一

01　画面使用单色起稿，在绘制大幅场景时应多参考电影游戏场景，抓住其中可取之处进行转化，将主体物放置在最近的地方，但是从视觉感受上又是离观者距离比较远的。如图5.1-1所示。

02　图中的色彩参考了部分优秀作品的颜色，在进行颜色参考时不是记住什么物体该用什么颜色，因为在不同的光线和场景中，物体的颜色很大程度上会受到环境色的影响而有差异，一味地照搬只能将画面的色彩变得不伦不类，此图中只借鉴整体氛围的配色，红与绿的组合不一定是俗不可耐的，降低色彩的饱和度后也能够带来深远的视觉感受。如图5.1-2所示。

图5.1-1

图5.1-2

03 用模糊工具对天空的色块进行模糊晕染，可以多尝试以平常不常用的笔刷来进行外星地貌的塑造，有许多笔刷是在普通的作画步骤里用不上的，这里使用了一些球形笔刷来画地表上的球状物。如图5.1-3所示。

04 丰富画面的颜色，在主要图层的下面填充一层淡蓝紫色，由于笔刷的透明，颜色会从笔刷间的缝隙中透出，形成若隐若现的效果。如图5.1-4所示。

图5.1-3

图5.1-4

05 修改远处远山的形状，将中景与远景的颜色减淡，可以直接在更改形状时选择浅色直接画，也可以使用半透明笔刷新建图层，铺在上面使用。如图5.1-5所示。

06 使用如图形状的笔刷，蓝色部分为鼠标点按的效果，在正片叠底图层上选粉色铺一层，再新建线性光图层，用同样的颜色再次叠加在上面，可以呈现出波光粼粼的效果。如图5.1-6所示。

07 在修改过形状后的山脉上叠加山石肌理，对于浅色的山脉来说，肌理的选择除现有素材外，最好是全覆盖白雪的雪山或是雪山的一部分，这样叠加出的效果会更加自然。如图5.1-7所示。

图5.1-5

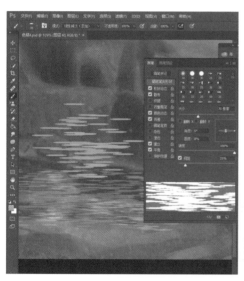

图5.1-6

图5.1-7

08　对于处于远处的主体物的细节，无需刻画得太过详尽，选择一些素材笔刷是很好的办法。图中是使用芦苇素材笔刷为画面添加的细节，放远看时会显得很自然；水潭中心的发光球体，是选择星球素材放在发光图层上，修饰下半部分融入水潭所呈现的效果。如图5.1-8所示。

09　使用边缘硬度高、棱角锐利的笔刷，在叠加图层上画出玻璃质感的喷射碎片，丰富画面的颜色和细节。如图5.1-9所示。

10　用笔刷对地面、山脉和近处的山石进行最后的塑造，用星空笔刷选择白色在远处点几下，如图5.1-10所示，使用柔软的圆头笔铺在画面后方将空间拉开，增加画面的意境。完成图如图5.1-11所示。

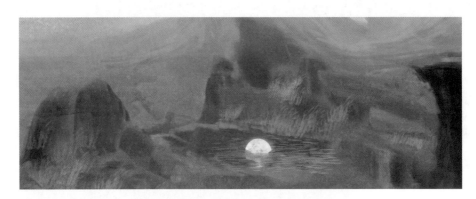

图5.1-8

图5.1-9

图5.1-10

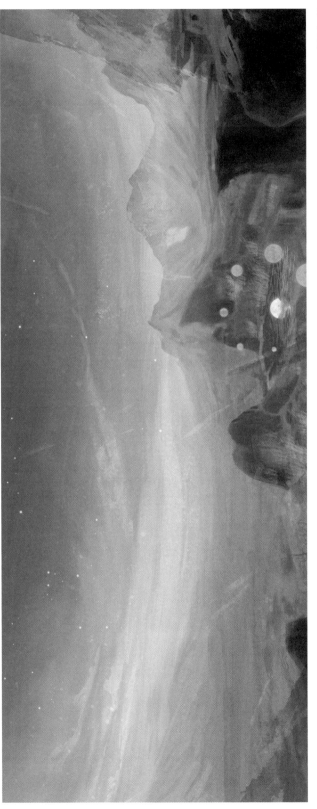

图5.1-11

5.2　场景创作案例二

图5.2-1

01 新建画布。

02 选择画笔，选择"神笔"起稿，如图5.2-1所示，构图采用的是三分法。可以直接用色块起稿，这样比线描起稿要快，而且好变现明暗关系。

03 起稿阶段主要铺出画面的整体关系，不需要刻画细节。如图5.2-2所示。

图5.2-2

04 以蓝绿色调为主，铺出大颜色，如果颜色不满意可以直接调整画面的对比度、饱和度、明度。如图5.2-3所示。

05 进入细化阶段。如图5.2-4所示。

图5.2-3

图5.2-4

06 先从后面的景观开始细化，因为后面不用比前面的景细，而且前景可以起遮挡作用，可以把某些不满意的角落放在后面。如图5.2-5所示。

07 细化的同时可以找一些相应的图片进行参考。如图5.2-6所示。

图5.2-5

图5.2-6

08 开始细化前景，此时选择细小的画笔。如图5.2-7、图5.2-8所示。

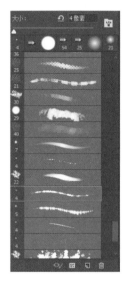

图5.2-7

图5.2-8

09 继续细化，在画面整体细化的同时要跳出来看大关系，调整大的空间关系，添加光源，加深暗面。如图5.2-9所示。

图5.2-9

10 选择画笔，给石头和树干加上质感。如图5.2-10所示。

11 因为石头和树干的质感不一样，我们选择斑驳一点的画笔。如图5.2-11、图5.2-12所示。

12 选择喷枪画笔，画笔属性调节为线性减淡，选择冷调的蓝绿色统一画面的色调。完成图如图5.2-13所示。

图5.2-10

图5.2-11

图5.2-12

图5.2-13

5.3　场景创作案例三

01　这张是一张场景画作，是一个比较科幻的场景。画之前需要找一些素材来更好地完善想法。画面讲述的是一个探测员发现一个科学基地的故事。图5.3-1～图5.3-3是找到的一些素材。

图5.3-1

图5.3-2

图5.3-3

02　气氛的参考图是一张优秀的CG作品，其中绿色的色调和空间的感觉是非常不错的，寻找素材需要用心，前期找了足够多的素材，接下来的绘制会更加顺利。如图5.3-4所示。

03　开始绘画，先用线稿画出自己的一个想法，线不用画得很细，线只是找找绘画的感觉。在画线稿的时候，注意考虑构图，这张用了三分法构图，这种构图更加容易表现空间。如图5.3-5所示。

图5.3-4

图5.3-5

04 线稿大体完成之后，开始铺大的颜色。在这里介绍一下笔刷。如图5.3-6、图
5.3-7所示这两个笔刷是常用的画场景的笔刷，因为这两种笔刷肌理比较粗糙，每一笔都
有丰富的肌理效果，这在场景中是很有效率的。

图5.3-6   图5.3-7

05 色调是蓝绿色，画大色调的时候不需要考虑过多的细节，直接上色，多考虑画面的黑白关系。如图5.3-8所示。

图5.3-8

06 色调的把控是很重要的。介绍一个小技巧，铺颜色的时候选择色环上相距60度的颜色是比较简单的，颜色上就不会出现大的问题。

07 继续绘制，画的过程中时刻注意空间关系和画面黑白灰的关系。如图5.3-9所示。

图5.3-9

08 接下来想为画面增加一些氛围，比如说雾气，这里需要用到喷枪笔刷，如图5.3-10所示。喷枪是一个非常常用的笔刷，推远空间、过渡等都非常好用。为了使雾气更加自然，这里还用了一些特殊笔刷，可以画出更加生动的雾气。如图5.1-11所示。

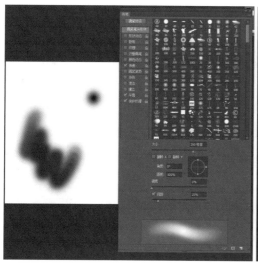

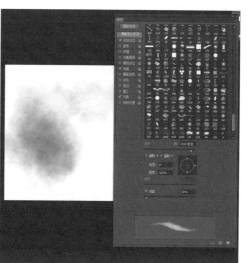

图5.3-10

图5.3-11

09 为了更好地观察素描关系，可以把画面转换成黑白来观察，按快捷键Ctrl+Shift+U，很方便。如图5.3-12所示。

10 深入的时候可以用 19 号笔刷，因为这款笔刷可以调节硬度，对于一些比较柔和的过渡也可以很容易绘制，在后期深入时使用非常得心应手。如图5.3-13所示。

11 继续细化，注意主体物刻画得细致些。最后可以用曲线工具来调整画面。如图5.3-14所示。

图5.3-12

图5.3-13

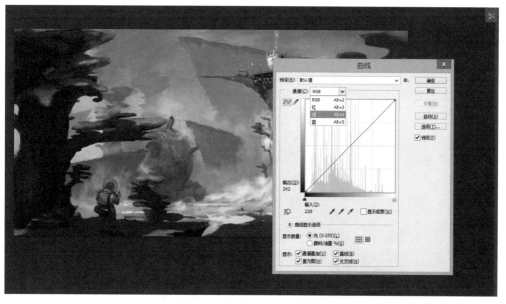

图5.3-14

12 最后，检查一下画面，如没有问题，这幅画便完成了。完成图如图5.3-15 所示。

图5.3-15

5.4 场景创作案例四

01 新建画布。

02 选择画笔，选择"神笔"起稿，构图采用的是三分法，可以直接用色块起稿，这比线描起稿要快而且好变换明暗关系。如图5.4-1所示。

03 起稿阶段主要铺出画面的整体关系，不需要细节。如图5.4-2所示。

图5.4-1

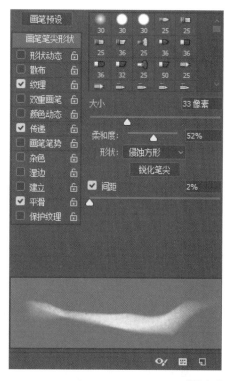

图5.4-2

04 以蓝黄色调为主，铺出大颜色，如果颜色不满意可以直接调整画面的对比度、饱和度、明度。如图5.4-3所示。

05 进入细化阶段。

图5.4-3

06 先从后面的景观开始细化，因为后面不用比前面的景细，而且前景可以起遮挡作用，可以把某些不满意的角落放在后面。如图5.4-4，图5.4-5所示。

图5.4-4

图5.4-5

07 细化的同时可以找一些相应的图片进行参考。如图5.4-6所示。

图5.4-6

08 开始细化前景，此时选择细小的画笔。如图5.4-7、图5.4-8所示。

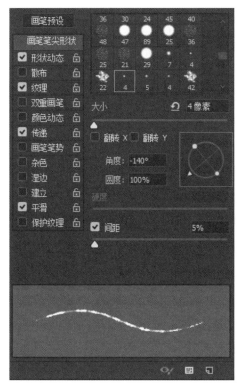

图5.4-7

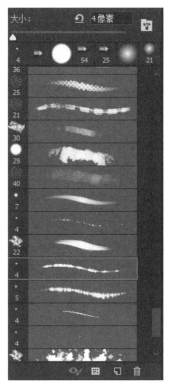

图5.4-8

09 继续细化，在画面整体细化的同时要跳出来看大关系，调整大的空间关系，添加光源，加深暗面。如图5.4-9所示。

10 这时候开始细化主体物，选择画笔，给房子加上质感。如图5.4-10所示。

11 因为石头和树干的质感不一样，我们选择斑驳一点的画笔。如图5.4-11~图5.4-14所示。

图5.4-9

图5.4-10

图5.4-11

图5.4-12

图5.4-13

图5.4-14

12 选择喷枪画笔，画笔属性调节为线性减淡，给天空加上点卷云。完成图如图5.4-15所示。

图5.4-15

5.5　场景创作案例五

01 线稿制作阶段。先耐心细致地制作好线稿。

在线稿阶段，需要注重线条的排列以及疏密关系。在这个阶段就需要使画面有足够的完整性，即便独立拿出来也是一个完整的作品。如图5.5-1～图5.5-4所示。

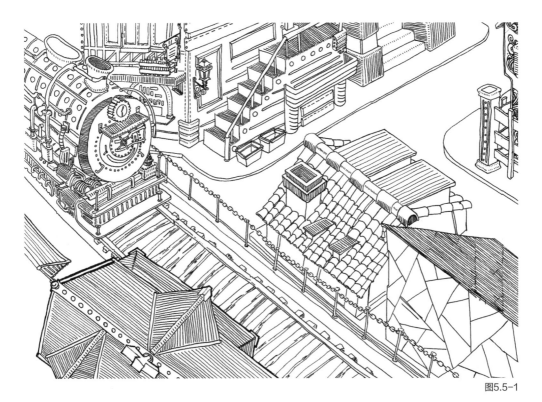

图5.5-1

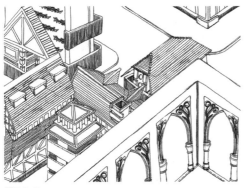

图5.5-2

图5.5-3

图5.5-4

02 基本气氛确定阶段。气氛的确定取决于整体的色调以及光感。

首先确定好画面的底色，需要谨慎选择。使用饱和度调和器可以进行微调，快捷键是Ctrl+U，里面三个变量为色相、饱和度和明度。如图5.5-5～图5.5-8所示。

图5.5-5

图5.5-6

图5.5-7

图5.5-8

03 完成阶段。在这个阶段加入各种颜色来丰富画面，但是同时还需要注意保持整体色调，不能太跳脱。在部分细节上，可以选择使用渐变工具和增加颗粒感的方法提升作品的完成度。如图5.5-9所示。

加入噪点的方法是在新建的图层加入渐变后将图层属性改成溶解，然后通过调整透明度来调节噪点的密集程度；还可以通过再叠加一个普通的渐变图层来使过渡变得更加平滑，同时增加层次感。如图5.5-10、图5.5-11所示。

图5.5-9

图5.5-10

图5.5-11

04 完成如图5.5-12所示。

图5.5-12

5.6 场景创作案例六

01 作品想呈现出一个荒芜的冰原，设想镜头在一个冰洞内，外面是寒冷的雪山和荒原，还有一条冰封的河。在构图期间借鉴了这幅成熟的原画作品。如图5.6-1所示。

02 分析出大概构图切割并且加以学习，绘出了草图。如图5.6-2所示。

图5.6-1

图5.6-2

图5.6-3

03 学习根据类似题材的原画，如冰山、冰原、冰洞，来补充画面里的元素。同时可以通过同类作品分析冰原该有的色调：颜色大多是蓝色，有的蓝色偏绿，有的蓝色偏紫，但大多不会有太大变动。亮部提高明度，降低纯度，将比暗部暖一些，以此画出冷暖变化。如图5.6-3所示。

04 然后用简单的画笔把大色调确定下来，通过纯灰和明度、对比度的对比，用颜色推进一下空间关系。使用的笔刷是基础的喷枪和纹理笔刷。如图5.6-4、图5.6-5所示。

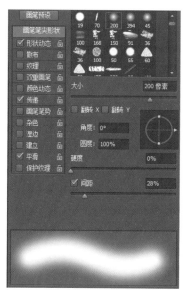
图5.6-4

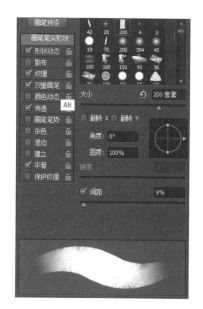
图5.6-5

05 确定好颜色和笔刷后，在线稿之下，新建一个图层，开始进行铺色。如图5.6-6所示。

图5.6-6

06 定好色调和物体位置后，就开始塑造阶段了。大多冰山石头之类的都是根据参考图用笔刷慢慢画出，塑造内容简单，不做过多讲解。这里挑选一个重要案例来讲一下塑造手法，即离我们最近的冰洞内的石柱。用套索工具勾选出石柱的外轮廓。这样在塑造石柱的时候就不会干扰到后面的背景，当然，这个石柱要单独在一个图层进行，这样方便之后对背景的修改。如图5.6-7所示。

07 选区选好之后，用石头纹理做成的石块笔刷，取之前铺下的颜色区分亮暗面，这时候，石柱已经有了一些石头的感觉。如图5.6-8所示。

08 接下来用粗糙纹理笔刷，进行石柱上细节的刻画，既然是冰原的石柱，石柱表面肯定会结冰、积雪，所以亮面用山石切面笔刷，刷一些亮色肌理出来，感觉像是反光和积雪。如图5.6-9、图5.6-10所示。

09 利用笔刷效果是一方面，主要还是要考虑清楚石柱的素描关系，才能将石柱的体量感画出来，最后石柱效果。如图5.6-11所示。

图5.6-7

图5.6-8

图5.6-9

图5.6-10

图5.6-11

10 对于洞顶覆盖的冰凌和冰锥也是一样的画法：套索工具选区，然后画一个深色，因为冰锥是透光的，所以要在深色的基础上，刷出一个亮色，用什么纹理笔刷都行，带渐变效果的就可以。如图5.6-12所示。

11 冰锥可以复制粘贴，因为大多都长得很像。接下来将每个地方塑造完成，注意空间关系，远处的场景尽量别用重的颜色，别画太强的对比，笔刷尽量使用边缘软一些的笔刷。处理完成后就得到了如下效果。如图5.6-13所示。

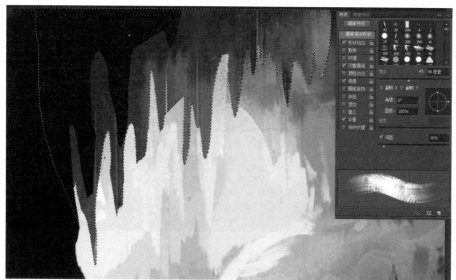

图5.6-12

图5.6-13

12 这时候可以看出，画面清冷的感觉有了，但是整体颜色太过单一，个别远景的颜色有一些过于纯，冰原应该是给人灰色苍凉的感觉，所以通过图像—调整—色相/饱和度进行色彩调整，然后通过曲线进行素描关系调整。如图5.6-14、图5.6-15所示。

图5.6-14

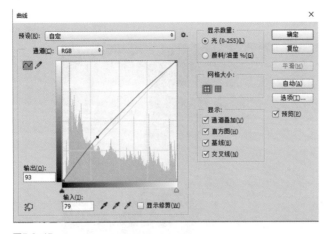

图5.6-15

13 调整过后，得到效果如图5.6-16所示。

图5.6-16

14 画面近处的冰面太过于简单，缺少细节，所以在画面几个视觉中心点里选择一个进行丰富和深入，或者加一些物体，最终决定在画面红圈的位置加入一个被冰封的沉船。如图5.6-17所示。

图5.6-17

15 冰封船体的参考图如图5.6-18所示。

16 给湖面加上船体，画面一下丰富了起来，有了可看的细节。如图5.6-19所示。

17 桅杆上的冰锥、船体、石柱和冰面连接处等，这些细节都不可缺少，都能给画面添彩。如图5.6-20所示。

图5.6-18

图5.6-19

图5.6-20

18 最后一步是最关键的一步，即整体氛围的调整，也可以是"打光"。在画面之上再新建一个图层，用最基本的喷枪工具，在光线照进来的地方进行补白，增加光感；在最背光的地方补黑，增加空间层次和纵深感。这样做或许会牺牲掉一些之前画出来的细节，但是可以让整体氛围更好，画面更加完善。完成图如图5.6-21所示。

图5.6-21

5.7　场景创作案例七

01 这张图在画的时候感觉很轻松，想象自己在过一种惬意的田园生活，通过参考资料图片就有了这一创意。如图5.7-1、图5.7-2所示。

图5.7-1

图5.7-2

02 选用套索工具，对画面里的物体进行选区，然后通过图像—调整—色相/饱和度来调整选区范围的色相。如图5.7-3、图5.7-4所示。

图5.7-3

图5.7-4

图5.7-5

03 调整完个别物体的色相之后，再针对整体画面进行色相调整，给黑白画面一个色调。因为是丛林树屋，所以一开始的色调设定是绿色。但是随即设定时间点的时候，想画出清晨的效果，所以又将画面设定成蓝色，偏冷。如图5.7-5所示。

04 设定场景时间为清晨，所以画面先调整为蓝色，为了画面效果，屋顶采用对比色，即橙红色。如图5.7-6所示。

05 接下来进入塑造阶段，将每个区域的色相分开，让画面丰富一些。如图5.7-7所示。

06 在塑造阶段，选用一个仿手绘笔刷。如图5.7-8所示。

07 画树藤的时候，因为要快速处理体积感，所以采用一边实边、一边虚边的笔刷，包括柱子、栏杆都是这样处理的。如图5.7-9所示。

08 用之前的笔刷逐渐塑造画面里的东西，并且改动一些草图期间留下的问题。如图5.7-10所示。

图5.7-6

图5.7-7

图5.7-8

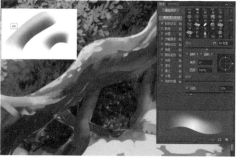
图5.7-9

09 前景有些简单，添加一个草丛，然后用画叶子的笔刷，分出亮暗面就可以将草丛画好。如图5.7-11所示。

10 叶子笔刷的应用如图5.7-12所示。

11 画面中出现的一些发光和强光效果，都是通过在画面上新建一个图层，使用喷枪工具绘画光效来实现的。如图5.7-13所示。

图5.7-10

图5.7-11

图5.7-12

图5.7-13

12 完成图如图5.7-14所示。

图5.7-14

5.8 场景创作案例八

01 首先对创作的主题进行预先的思考，在绘制草稿的时候，使用了黑白效果，这样就不需要考虑颜色，只要考虑造型和体积，会比较简单。绘制草图的时候，使用的笔刷也比较简单，使用最多的是普通的【软笔刷】和【硬笔刷】。调【软笔刷】的时候，在"画笔调整面板"里面选择【传递】，然后在右边【不透明度抖动】下面的【控制】选项里面，选择【钢笔压力】，【笔刷硬度】调为"0%"或者较低的硬度，这种笔刷绘画痕迹比较柔和，可以用来绘制比较虚的东西。调【硬笔刷】和【软笔刷】的步骤基本是一样的，只是【笔刷硬度】调到"100%"或者高一些，这种画笔有比较清晰的边缘，适合刻画物体，绘制比较结实的东西。如图5.8-1所示。

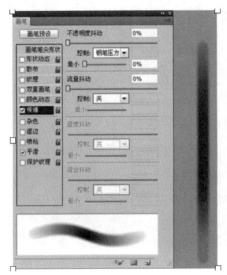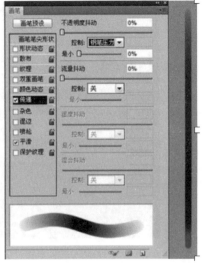

图5.8-1

02 想好构图，设立一个视觉中心。如图5.8-2所示。

03 在绘制之前，先在脑中大概构思一下，大体规划出城堡、山和船。如图5.8-3所示。

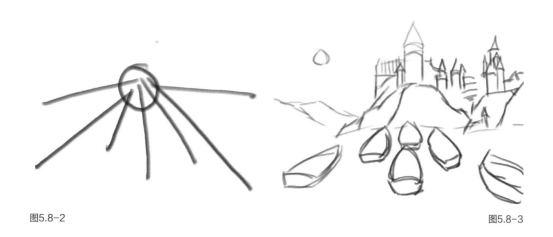

图5.8-2

图5.8-3

04 构图大概分了四层，即前景、中景、后景、背景。如图5.8-4所示。

图5.8-4

05 使用快捷键【Ctrl+L】调出【色阶】工具，加深整体色调。如图5.8-5所示。

06 对大画面进行深入刻画，将光源明确地画出来，并分清明暗面，将船内的人的大动态表现出来。因为是前景，所以并不需要过多地刻画，刻画中心放在视觉中心古堡的位置。如图5.8-6所示。

图5.8-5

图5.8-6

07 使用上下两层带有划痕的笔刷进行细节的塑造，在刻画主体细节处灵活好用，将笔刷缩小然后按波纹一道道地深入。如图5.8-7所示。

图5.8-7

08 将画面前景压暗，画出明暗，深入塑造天空中的云。云的层次也是决定画面是否能退远的重要因素之一，在背景的云变得复杂时就能够满足充当远景的需求，但背景过于复杂会抢近景的风头。如图5.8-8所示。

09 强化光影的表现，这时候需要更多理性去分析物体间的光影关系，包括形体转折形成的阴影变化，物体层级间产生的投影关系等；人为地控制光影的布局，将受光部集中在视觉中心部分。如图5.8-9所示。

图5.8-8

图5.8-9

10 加强画面效果。利用画笔的笔触感，加强画面水的效果。如图5.8-10所示。

11 按住【Ctrl+B】，调出色彩平衡，将拉条拉到自己觉得合适的颜色，并将光源颜色变成黄色。如图5.8-11所示。

12 完成图如图5.8-12所示。

图5.8-10

图5.8-11

图5.8-12

5.9 场景创作案例九

01 首先构思出这幅图想要画的主题，即秋天里的林中小屋，最好在脑海中就能想好最后成品画面的样子。按照构思绘制出线稿，这是一张垂直式构图的画面，主体物是处在画面中心的房子，周围是呈包围状的植物。如图5.9-1、图5.9-2所示。

图5.9-1

图5.9-2

02 用湿海绵笔刷，如图5.9-3所示，铺画面的底色。考虑到物体的固有色和画面氛围，底色用黄色调。铺颜色不需要画得太细，大致铺出位置就好；再整体用 PS 曲线调出画面的黄色调。如图5.9-4所示。

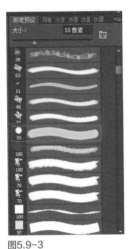

图5.9-3

图5.9-4

03 开始塑造房子。新建一个图层，用 PS 里的渐变工具画出房子因为光源的关系而产生的颜色变化，房子上的窗户也用渐变工具铺一下。用150号"good画笔-5"笔刷塑造房子如图5.9-5所示。这次塑造的房子是直木板的材质，因此注意画的时候笔刷要直着顺着木板的走向，根据木板的不同固有色绘制。如图5.9-6所示。

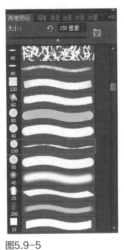

图5.9-5

图5.9-6

04 在房子上面贴木材的素材，如图5.9-7所示，用图层叠加的特效加在房子上，用橡皮擦将多出去的部分、窗户上的部分擦除。如图5.9-8所示。

图5.9-7

图5.9-8

05 用湿海绵笔刷刻画花盆。结合画面氛围用较灰较暗的颜色，用204号"Sampled Brush 20 2"笔刷，如图5.9-9所示，画花盆上的植物，用不同植物的颜色铺出来。这种笔刷可以画出花的蓬松和花瓣的感觉。如图5.9-10所示。

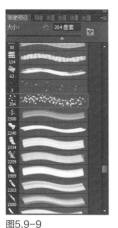

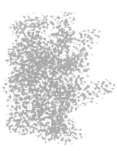

图5.9-9

图5.9-10

06 用20 号"Oil Pastel Large #33"笔刷，如图5.9-11所示，铺房子后面的树叶。因为处在画面的背景处，所以不需要刻画太细，用笔刷铺出树的层叠感，用深浅颜色铺出树的前后距离感。如图5.9-12所示。

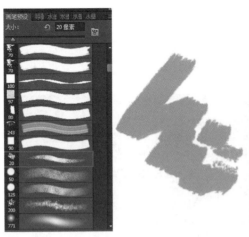

图5.9-11

图5.9-12

07 绘制画面右侧的树。用"Oil Pastel Large #33"笔刷，画树干的部分，新建图层在树干上贴树皮素材，如图5.9-13所示，用图层的"叠加"效果让素材更自然。颜色的深浅可以用工具里的"色相/自然饱和度"来调得更自然。如图5.9-14所示。

图5.9-13

图5.9-14

08 用"散步枫叶"笔刷，如图5.9-15所示，铺树叶的形状，用不同的颜色让树叶显示出在光源下的变化，再用模糊工具把树叶模糊。因为主体物是房子，不要让复杂的树叶抢主体物的中心位置。如图5.9-16所示。

09 用20号"Oil Pastel Large #33"笔刷刻画植物，从底部的深颜色开始铺，一层一层地深浅交替铺色，画出草丛的茂盛和层叠感，在光源打过来的地方画几缕浅颜色，不要太多。如图5.9-17所示。

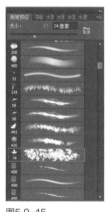

图5.9-15

图5.9-16

图5.9-17

10 用湿海绵笔刷刻画前面的石头，用不同的笔刷不同的刻画方式来区分石头和周围植物的质感。画石头首先铺出明暗面和体感，再用亮颜色点出石头上面光滑的高光，注意石头和石头之间的衔接和堆砌。如图5.9-18所示。

图5.9-18

11 继续用画植物的笔刷画出画面前面的植物，大致分出植物的明暗面，在最上边具体刻画出植物的形状，用 PS 里的"高斯模糊"将植物进行模糊，因为是近景，刻画太细会抢了画面中心。如图5.9-19所示。

图5.9-19

12 将图片缩小看一下整体的画面，调整一下画面的色调和氛围，添加画面中的高光，保证画面的统一和完整。如图5.9-20所示。

图5.9-20

13 完成图如图5.9-21所示。

图5.9-21

5.10 场景创作案例十

01 首先使用颜色起稿，在构思初期可以不必过于在意颜色的选择，保持大色调统一即可，重点在于对场景轮廓的设定，明确近景、中景、远景的位置关系，此图是三分式构图。如图5.10-1所示。

02 由于是初期的草图，可以在大致轮廓确定后将图片另存为 JPG 格式，使用滤镜明确想要的色彩氛围，可以多次叠加不同的滤镜达到最佳效果，如脑海中已有大致思路则跳过这一步，直接用颜色图层进行上色，或借助PS中的工具来调整颜色。如图5.10-2所示。

图5.10-1

图5.10-2

03 将图片导回原来的PSD 文件，对初步进行过颜色调整的画面进行整体的明暗调整，之前的天空过于昏沉，所以在上面增加了光效使天空变得深远。如图5.10-3所示。

04 使用魔棒工具分别选中画面中的近景与中景，复制粘贴，图层效果选择正片叠底，近景的不透明度高于中景，在画面的黄金分割点出添加带有魔幻色彩的主体物。如图5.10-4所示。

图5.10-3

图5.10-4

05 对图片色调进行二次调整，这次直接选用色相 / 饱和度来选择颜色，红色的大地、青色的河流以及紫色的闪电，比起青绿色更具有魔幻色彩，塑造近处的脊状地貌。如图5.10-5所示。

图5.10-5

06 鲜艳的紫红色作为背景过于抢眼，会妨碍主体物作为视觉中心的主体地位，将闪电的饱和度降低。如图5.10-6所示。

图5.10-6

07 使用烟状笔刷扫在主体物与中景之间，增加外星大气的空气质感。如图5.10-7所示。

图5.10-7

08 闪电笔刷可以选择随笔势变形置换的，也可以选择素材式的闪电图案印在画面上，图层效果通常选用带发光效果的即可。如图5.10-8所示。

09 使用圆形笔刷点在主体物上的发光位置，图层效果选择线性光，线性光图层比起其他发光图层在发光效果上更加鲜艳，对于塑造诡异的发光源是比较有优势的。如图5.10-9所示。

图5.10-8

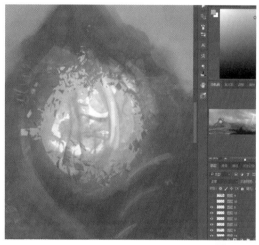

图5.10-9

10 画面效果想体现阴冷诡谲的气氛，但是整体明度不降低的情况下就选择降低饱和度，只保留主体物作为画面中唯一的明亮色彩。如图5.10-10所示。

图5.10-10

11 新建图层填充蓝色，图层效果选择柔光，根据画面效果调整不透明度，这一步其实是在画面中起到罩染的效果。如图5.10-11所示。

图5.10-11

12 复制柔光图层，图层效果变更为减去，最后调整画面整体氛围，完成图如图5.10-12所示。

图5.10-12

5.11　场景创作案例十一

01　对创作的主题进行预先的思考，为配合选择的主题更好地把控氛围，这里选择用颜色进行起稿，用不透明的色块确定画面近中远景的黑白灰关系与色彩关系。如图5.11-1所示。

02　搜集相关的参考资料，按照脑海中所构想的情景开始深入，在刻画幻想场景时要更加注重画面的真实性，以达到使人相信的目的。如图5.11-2所示。

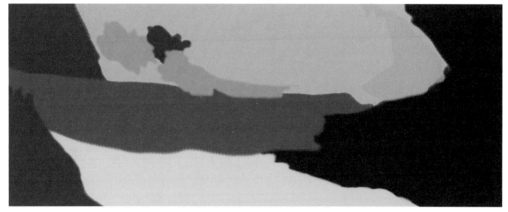

图5.11-1

图5.11-2

03 画面以外星地貌为主题，选择平视的视角来放大对近地河流的观察，并在压暗的环境中使用荧光色增强视觉冲击感，离人最近的地方颜色最鲜艳亮眼，越远则朦胧晦暗。如图5.11-3所示。

图5.11-3

04 使用上下两层带有划痕的笔刷进行细节的塑造，在刻画水中倒影或是山石生物组织浸入水中的细节处灵活好用，将笔刷缩小然后按波纹一道道地深入。如图5.11-4、图5.11-5所示。

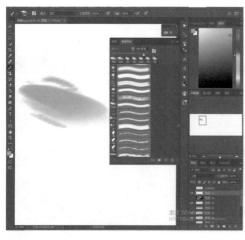

图5.11-4

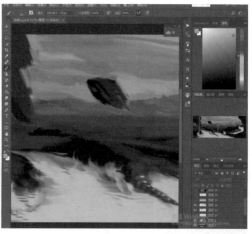

图5.11-5

05 将处于画面前景的石头压暗，画出明暗，深入塑造天空中的云，云的层次也是决定画面是否能退远的重要因素之一，继续完善外星地貌的设定，添加外星独有的奇幻细节。如图5.11-6所示。

图5.11-6

06 在背景的云变得复杂时就能够满足充当远景，而背景过于复杂会抢近景的风头，所以这里将原本作为远景的外星灯塔从画面中删去。如图5.11-7所示。

07 对使用套索工具后留下的空洞使用云彩画笔按云的走向形状进行修复。如图5.11-8所示。

图5.11-7

图5.11-8

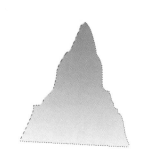

图5.11-9

08 新建图层，图层效果选择叠加，在远方的山上叠加远山素材，或用套索工具勾勒出山峰的轮廓，然后渐变填充。如图5.11-9所示。

09 使用套索工具可以很好地画出山峰自然抖动的轮廓线，然后选择渐变工具在选取范围内从上往下拉，就可以绘制出简单的山峰轮廓剪影，这种方法通常被用在远景的绘制上，可以在后续步骤中继续叠加肌理和素材。如图5.11-10所示。

图5.11-10

10 新建图层，使用线性加深的图层效果，渐变工具选择灰色，由上至下拉至画面一半左右的位置，覆盖远景和中景，营造昏暗的光线与深远的空间。如图5.11-11所示。

图5.11-11

11 星空笔刷不仅可以用在星空的刻画上，随着笔刷的放大或缩小就有不同的效用，此处将它作为河流上漂浮的微生物，在这种情况下，星空画笔会比普通圆形画笔更方便，同理，其他笔刷也可以用在常理范围之外的地方。如图5.11-12、图5.11-13所示。

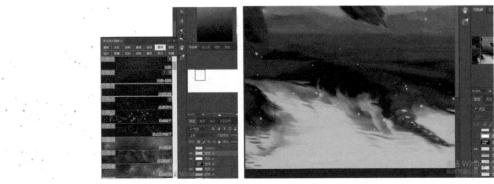

图5.11-12

图5.11-13

12 添加河流上的漂浮微生物发光体，完善画面中其他细节，完成图如图5.11-14所示。

图5.11-14

5.12　场景创作案例十二

01 首先构思出这一张图片的主题，用 PS 里的基础笔刷画出线稿，线稿画得较细，画面中的植物作引导线指向画面中心，画面四周密中间空作疏密关系。如图5.12-1、图5.12-2所示。

图5.12-1　　　　　　　　　　　　　　　　　　　　　　　　　　　　　图5.12-2

02 用湿海绵笔刷铺出画面的底色，画面四周较暗中间较亮，底色铺出各部分位置范围就好，不必画得太细。如图5.12-3所示。

03 开始刻画房子，新建一个图层把木材的素材贴在房子上面，用"正片叠底"和"叠加"的不同图层效果分别在前后两个房子上做木屋质感。如图5.12-4、图5.12-5所示。

图5.12-3

图5.12-4

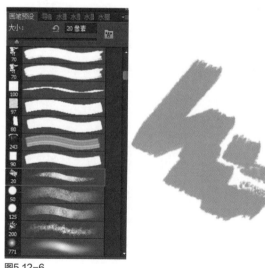

图5.12-5

04 用20号"Oil Pastel Large #33"笔刷继续刻画房子和前面的植物,这种笔刷自带笔触也可以画得很实,注意刻画房子的时候要顺着木材的纹理画,刻画出房子的质感。而在刻画植物的时候用深颜色一层一层铺到上面的浅颜色,这样一层一层地覆盖可以画出植物的质感和层叠的感觉。如图5.12-6、图5.12-7所示。

05 继续用20号笔刷铺出前面草地的颜色,利用这种笔刷的笔触感画出草地的感觉,考虑光源的位置让草地由四周向中间颜色变浅过渡,草地上的横线条和房子竖直的笔触做对比让画面更丰富。如图5.12-8所示。

图5.12-6

图5.12-7

图5.12-8

06 刻画后面的树木背景，选择用暗一点的颜色区分出树木的体感，用深浅颜色遮盖重叠画出树叶的茂盛和层层叠叠的感觉，左边的树木距离房子最近，刻画得较细致一点，靠近房子的树叶画得亮一些，作引导线指向房子。如图5.12-9所示。

07 开始刻画前面的树木，用基础笔刷铺出树干的重颜色和树干的形状，用 204 号"Sampled Brush 20 2"笔刷，如图5.12-10所示，画出树上的树叶。这种笔刷可以画出植物的质感，画完之后合并图层，用PS里的模糊工具，选择"高斯模糊"对树木进行模糊。如图5.12-11所示。

图5.12-9

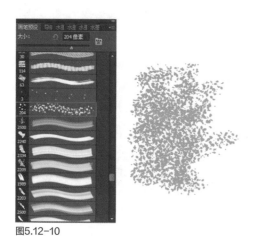

图5.12-10

图5.12-11

08 继续用 20 号笔刷刻画前边的植物，刻画出植物的具体形状，区分出植物的受光面和背光面。如图5.12-12所示。

图5.12-12

09 用435 "SmokOo" 笔刷，如图5.12-13所示，刻画前边的草地，铺出草地的质感和深浅变化，用湿海绵笔刷画出鹅卵石光滑的质感，注意鹅卵石之间的遮挡关系。如图5.12-14所示。

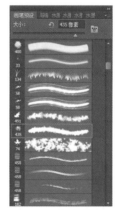

图5.12-13

图5.12-14

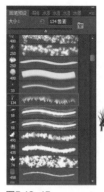

10 用134号草笔刷，如图5.12-15所示，铺出草地上草的形状，主要铺在鹅卵石周围，让鹅卵石和地面更贴合，注意草的形状大小，前面密一些后面疏一些。如图5.12-16所示。

图5.12-15

图5.12-16

11 调整一下整体画面，用曲线工具调整一下整体色调，因为是一系列的创作，所以色调统一为秋天的黄色调，再调整一下让画面更和谐。如图5.12-17所示。完成图如图5.12-18所示。

图5.12-17

图5.12-18

5.13 场景创作案例十三

01 决定画面的主题，构思画面的构图和主体物，在脑海中想象好最终成稿的样子，用 PS 里基础笔刷画出线稿。如图5.13-1、图5.13-2所示。

02 新建一个图层，用油漆桶铺一层黄色底色，确定画面整体色调为黄色调。如图5.13-3所示。

图5.13-1   图5.13-2   图5.13-3

03 用55号湿海绵笔刷铺画面的底色，画面中处在后面的森林颜色要重一些，这张图是秋天黄昏下的林中小屋，氛围是寂静的，因此画面的色调要暗一些，如图5.13-4、图5.13-5所示。

04 用基础笔刷画出木屋的具体形状，因为这个木屋是用粗糙的木头堆叠的，所以没有选择用贴素材的方法刻画，而是选择手动画出木头的质感。如图5.13-6所示。

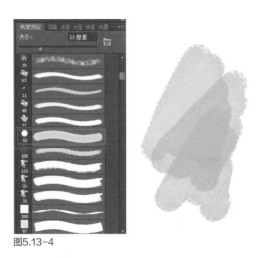

图5.13-4

图5.13-6

图5.13-5

05 用435 "SmokOo" 笔刷，如图5.13-7所示，刻画前边的草地，铺出草地的质感和深浅变化，用湿海绵笔刷画出鹅卵石光滑的质感，注意鹅卵石之间的遮挡关系。如图5.1-8所示。

图5.13-7

图5.13-8

06 用134号草笔刷，如图5.13-9所示，铺出草地上草的形状，主要铺在鹅卵石周围，让鹅卵石和地面更贴合，注意草的形状大小，前面密一些后面疏一些。如图5.1-10所示。

07 用20号"Oil Pastel Large #33"笔刷,如图5.13-11所示,刻画下面的草地,用不同的深浅颜色交叠画出草地的质感,用笔刷画出几缕草的具体形状,画出草的细节。如图5.1-12所示。

图5.13-9   图5.13-10

图5.13-11   图5.13-12

08 用"HW Vol.II-Conifers-Norway Spruce"笔刷,如图5.13-13所示,铺出松树的具体形状,多画几个再合并图层,选择图层的锁定透明像素,用20号笔刷在松树的范围内刻画松树的颜色、形状。如图5.13-14、图5.13-15所示。

图5.13-13   图5.13-14   图5.13-15

09　新建图层选择一个树木的笔刷，用重颜色铺出背景的底色，铺的时候注意在一些地方漏出黄色的底色，让背景有透气的地方，不要画得太死。如图5.13-16所示。

10　继续用20号笔刷画后面森林的具体形状，在重颜色底色的基础上，背景的森林颜色依旧是重颜色，让画面保持暗黄色调。刻画森林时首先按住Shift键，拉出树木的树干部分，注意树木之间的遮挡关系，再画出树叶的部分。如图5.13-17所示。

11　用选框工具矩形选取房子上下部分，复制在新的图层里再水平翻转放到画面的底部，作房子的倒影部分。如图5.13-18所示。

图5.13-16　　　　　　　　　　　　图5.13-17　　　　　　　　　　　　图5.13-18

12　用134号草笔刷铺出草地上草的形状，主要铺在鹅卵石周围，让鹅卵石和地面更贴合，注意草的形状大小，前面密一些后面疏一些。如图5.13-19所示。

13　用20号"Oil Pastel Large #33"笔刷，如图5.13-20所示，刻画下面的草地，用不

图5.13-19

同的深浅颜色交叠画出草地的质感，用笔刷画出几缕草的具体形状，画出草的细节。如图5.13-21所示。完成图如图5.13-22所示。

图5.13-20

图5.13-21

图5.13-22